W0314819

AMY
ACHTEROP

Die HAUSBOOT Detektei

TÖDLICHER GRUND

Kriminalroman

FISCHER Taschenbuch

Aus Verantwortung für die Umwelt hat sich der S. Fischer Verlag zu einer nachhaltigen Buchproduktion verpflichtet. Der bewusste Umgang mit unseren Ressourcen, der Schutz unseres Klimas und der Natur gehören zu unseren obersten Unternehmenszielen.

Gemeinsam mit unseren Partnern und Lieferanten setzen wir uns für eine klimaneutrale Buchproduktion ein, die den Erwerb von Klimazertifikaten zur Kompensation des CO_2-Ausstoßes einschließt.

Weitere Informationen finden Sie unter: www.klimaneutralerverlag.de

FSC
www.fsc.org
MIX
Papier aus verantwortungsvollen Quellen
FSC® C014496

Originalausgabe
Erschienen bei FISCHER Taschenbuch
Frankfurt am Main, September 2023

© 2023 S. Fischer Verlag GmbH,
Hedderichstr. 114, D-60596 Frankfurt am Main
Dieses Werk wurde vermittelt durch die
Literarische Agentur Thomas Schlück GmbH,
30161 Hannover.

Satz: Dörlemann Satz, Lemförde
Druck und Bindung: GGP Media GmbH, Pößneck
Printed in Germany
ISBN 978-3-596-70679-2

1

Das Meer sieht aus, als müsse es gleich spucken. Gelbgrün, mit dreckigen Schaumkronen, wirklich zum Kotzen.

Tessa geht es nicht besser. Sie sitzt auf einem Sofa in Zandvoort, in einem Apartment mit Seeblick. Es ist stickig und stinkt nach Lavendel, das Sofa ist so weich, dass es den Bandscheiben sicher nicht guttut. Ihr ist heiß, ihr ist schlecht, und wenn sie rülpst, schmeckt es nach Galle und Butterkeksen. Ihrer Mutter gefällt das. Das merkt Tessa schon daran, wie beschwingt Anne durchs Wohnzimmer läuft, mit flatterndem Blumenkaftan und schwabbelnden Oberarmen, ein Lächeln im Gesicht. Sie stellt eine Tasse Kamillentee auf den Couchtisch, zupft am Spitzendeckchen, sackt neben Tessa in die Polster und mustert sie von der Seite.

»Ganz grau bist du«, sagt Anne mit dieser warmen Stimme, mit der sie sonst nur mit ihren Orchideen spricht.

Tessa ahnt, was jetzt kommt. Und wirklich, einen Sekundenbruchteil später tätschelt Anne Tessas gewölbten Bauch. »Ich habe es gleich gewusst, als du reingekommen bist. So schlecht sehen nur Schwangere aus.«

»Und überarbeitete Wissenschaftlerinnen mit Blähbauch.« Tessa schiebt die Hand der Mutter zur Seite.

»Kein Baby? Bist du sicher?«

»Kein Baby, ganz sicher«, bestätigt Tessa und denkt: So schlimm ist es nicht, Hormonspirale sei Dank.

Alles andere ist schon schlimm. Ihre Freundin Lieke hat sie schon ewig nicht mehr gesehen. Mit ihrer Beziehung zu Luuk stimmt irgendetwas nicht und sie kann nicht einmal genau sagen, was. Und dann die Sache mit der Firma. Ist es nicht Wahnsinn, was sie vorhat? Eigentlich weiß sie, dass es das einzig Richtige ist, trotzdem hat sie Skrupel, wird von Zweifeln und schlaflosen Nächten geplagt. Manchmal stellt sie sich vor, wie Hugo gucken wird, wenn er herausfindet, dass sie ein doppeltes Spiel gespielt hat. Dann wird ihr ganz schlecht. So fühlen sich sicher auch Whistleblower, kurz bevor sie eine ganze Regierung hochgehen lassen. Dabei wird sie Hugo nicht mal verpfeifen, sich nicht mit firmeninternen Geheimnissen an die Öffentlichkeit wenden, sondern der Welt eine Forschungsarbeit präsentieren, die *Deep Sea Treasures* die Existenzgrundlage entziehen wird.

Tessa schlürft den heißen Tee und schiebt den Gedanken an die Arbeit so gut es geht beiseite.

»Na ja, vielleicht ist es sowieso besser, wenn ihr zuerst heiratet«, sagt Anne mit gespielter Fröhlichkeit. »Heutzutage ist es ja gar nicht mehr so selten, dass Frauen das erste Kind erst mit 36 oder später bekommen.«

Tessa denkt, dass sie besser in Amsterdam geblieben wäre. Sie schaut wieder aus dem Fenster, damit sie nicht sehen muss, wie der Mund der Mutter vor Enttäuschung klein und hart wird.

»Habt ihr denn schon einen Termin? Immerhin ist schon Oktober.«

Über der Nordsee kreisen zwei Möwen. Oder sind es Plastiktüten?

»Vielleicht eine romantische Winterhochzeit in kleinem Rahmen? Ein bisschen kurzfristig, aber das würden wir hinbekommen. Den Kuchen könnte ich backen. Ich habe jetzt schon mehr als einmal gehört, dass mein Erdbeerkuchen besser schmeckt als alles, was man bei der Konditorei bekommt.«

Anne legt eine Sprechpause ein. Vermutlich, denkt Tessa, um ihr Zeit zum Applaudieren zu geben. Für die Idee mit der Winterhochzeit und natürlich für die unvergleichlichen Backkünste.

Tessa applaudiert nicht. Ach, Luuk. Der lustige, aufregende Luuk, wegen dem ihr Körper monatelang so viel Dopamin ausgestoßen hat, dass sie manchmal Angst hatte, den Verstand zu verlieren. Luuk, mit dem sie den besten Sex ihres Lebens hat. Luuk, der erste Mann, der sich für ihre Arbeit interessiert. Luuk, ihr Verlobter. Seit einigen Wochen aber eben auch Luuk, dem sie nicht mehr richtig traut. Warum? Weiß sie selbst nicht. Er schwört, dass er treu ist, und nichts weist darauf hin, dass er lügt: An seinen T-Shirts kleben keine langen blonden Haare, er schläft immer zu Hause, er versteckt sein Handy nicht vor ihr. Trotzdem wird sie dieses Gefühl nicht los, dass irgendetwas nicht stimmt.

»Jetzt sag doch auch mal was«, drängt Anne.

Tessa stellt die Teetasse zurück auf den Couchtisch und öffnet den obersten Knopf ihrer Jeans. »Es dürfte sehr schwierig sein, im Winter an leckere frische Erdbeeren zu kommen.«

Anne zieht die Luft zwischen den Zähnen ein, dass es nur so zischt. »Diesen seltsamen Sinn für Humor, den hast du aber nicht von mir.«

Das ist wahr, denkt Tessa. Hätten ihre Mutter und sie den gleichen Humor, wären sie möglicherweise besser miteinander ausgekommen.

»Du kommst überhaupt sehr nach deinem Vater.« Anne sagt das leichthin, aber es ist nur der Auftakt einer Tirade, die Tessa allzu gut kennt. Anhören muss sie sich die Klagen über den Vater, der immer nur die Arbeit im Kopf hatte, bis ihm ein Dachziegel auf denselben gefallen war, heute nicht.

Denn plötzlich verstummt Anne und legt ihren Kopf schief: »Ich glaube, dein Handy vibriert.«

»Stimmt«, sagt Tessa, macht aber keine Anstalten aufzustehen. Sie kann sich schon denken, wer da anruft. Dann doch lieber die Vater-Tirade.

Anne hievt sich aus dem Sofa und hechtet zur Fensterbank, wo Tessas Handtasche zwischen den Blumentöpfen liegt. »Vielleicht ist es Luuk.«

»Mama, lass es liegen.«

Anne kramt das Telefon aus der Tasche, während sie zurück zum Sofa eilt. »Hugo Beekhof«, liest sie laut vom Display ab. »Das ist doch dein Boss.«

Tessa nimmt das Telefon und geht dran, aber nur, weil sie Sorge hat, dass Anne das sonst auch noch tut.

»Tessa, meine Liiiebe!«, flötet Hugo ins Telefon. Tessas linkes Augenlid beginnt unkontrolliert zu zucken. Ihre

Mutter sitzt nun wieder neben ihr auf dem Sofa und rückt ihr mit großen Ohren auf die Pelle.

»Ich wollte nur mal hören, wie es dir so geht. Passiert schließlich nicht so oft, dass meine beste Mitarbeiterin krank zu Hause bleibt.«

Tessa steht auf und pupst, nicht mit Absicht, aber sie fühlt sich gleich ein wenig besser. Sie sieht noch, dass Anne ein pikiertes Gesicht macht, wegrückt und nach ihrem Strickzeug greift, dann stellt sie sich ans Fenster.

»Nächste Woche bin ich sicher wieder fit.«

»Gut. Nicht, dass es etwas Ernstes ist.«

»Lieb von dir, dass du dir solche Sorgen um mich machst«, sagt Tessa. Als ob, denkt sie, als ob. Seit sie für ihn arbeitet, gibt es genau zwei Sachen, um die sich Hugo Gedanken macht: den Sitz seiner Haare und die Abbaulizenz. Um das Erste kümmern sich sein Friseur und Haargel von Unilever, für Letzteres braucht er sie.

»Natürlich. Die Gesundheit meiner Mitarbeiter liegt mir sehr am Herzen, das hat oberste Priorität«, rudert Hugo herum.

Tessa hilft ihm nicht. Sie schaut aufs Meer.

Hugo räuspert sich. »Aber, na ja, es ist eben auch so … das Timing, also wie du weißt, sind wir gerade in einer sehr wichtigen Phase, der wichtigsten Phase in der Geschichte unseres Unternehmens, und die Zeit sitzt uns wirklich im Nacken.«

Dein Unternehmen, nicht unseres, stellt Tessa innerlich klar.

»Die Konkurrenz schläft sicher nicht, ich bin sicher, dass *Blue Mining* bestens vorbereitet zu den Verhandlungen in

Lima kommen wird. Und die sind schon in zwei Wochen. Wenn wir die Abbaulizenz für das Peruanische Becken bekommen wollen, müssen wir das Baby also rechtzeitig ans Laufen kriegen.«

Baby, alle sprechen heute über Babys. Obwohl Hugo kein kleines aus Fleisch und Blut meint, sondern ein ziemlich großes aus Stahl. Arbeitstitel: Indiana Jones. Schwachsinniger Name, findet Tessa. Indiana Jones war ein attraktiver Schatzsucher, die Maschine, über die sie hier sprechen, ist ein Monster. Ein Monster, an dessen Erschaffung sie ganz maßgeblich beteiligt war, aber nur, weil sie vor etwas über einem Jahr, als sie bei *Deep Sea Treasures* angefangen hat, noch keine Alternative sah. Sie war sich sicher, die Maschine wäre unverzichtbar für die Energiewende. Einsatzbereit ist sie schon lange – allerdings nur in ihrem Kopf. Die Pläne auf ihrem Firmencomputer sind unvollständig, den Prototyp, der in der Werkhalle steht, hat sie nicht fertig gebaut. Stattdessen hat sie Hugo vertröstet, hingehalten. Sie fühlt sich dabei jedes Mal schäbig, aber es ist wichtig, schließlich geht es um etwas viel Größeres: »Mach dir mal keine Sorgen, Hugo. Wir sind schon kurz vor dem Ziel.«

»Da bin ich beruhigt«, sagt Hugo mit einem nervösen Lachen. »Dann sehen wir uns am Montag, ja?«

Wenn sie ihre Forschungsarbeit wirklich veröffentlichen will, die, die Hugos Unternehmen in den Konkurs treiben könnte und die sie nur noch Korrektur lesen muss, dann sollte sie das bald tun. »Am Montag.«

»Gute Besserung, meine Liebe. Ich verlasse mich auf dich.«

Hugo legt auf, Tessa fährt sich durch ihre kurzen Haare. Hinter ihrem Rücken klackern Annes Stricknadeln.

»Ich muss los.«

Anne lässt das Strickzeug sinken. »Jetzt schon?«

»Was Dringendes wegen der Arbeit.«

»Ich dachte, du bist diese Woche krankgeschrieben.«

»Manche Sachen können nicht warten.«

Anne seufzt. »Wie soll denn das in Zukunft funktionieren, wenn du erst Ehefrau und Mutter bist?«

Kurz darauf steht Tessa vier Stockwerke tiefer auf der Straße. Sie geht die Trompstraat entlang, überquert den Boulevaard Barnard und hat einige Schritte weiter Sand unter den Füßen. Ein Strandspaziergang, bevor sie den Zug nach Hause nimmt, das hilft vielleicht gegen Übelkeit und Gedankenwirrwarr.

Tessa geht Richtung Norden, sie mag diesen Geruch nach Algen mit einer Note von fauligem Fisch. Über ihr graugrüne Wolkenberge, rechts die hohen Apartmenthäuser und Hotels der Stadt, die vielleicht einmal hübsch war, als sie noch vom Fischfang und nicht von Urlaubsgästen lebte. An diesem Tag ist es den Touristen allerdings zu kühl und stürmisch. Die Sonnenliegen sind allesamt weggeräumt, außer Tessa haben sich nur ein Mann mit seinem Dalmatiner und ein junges Pärchen mit seinem bunt gestreiften Lenkdrachen nach draußen getraut.

Unter Tessas Füßen schmatzt der nasse Sand, links von ihr jammert das aufgewühlte Meer mit dem Wind um die Wette. Sie wird das durchziehen. Scheiß auf Hugo, scheiß auf ihren Arbeitsvertrag, scheiß auf das schöne Apartment, das sie sich vermutlich nicht mehr leisten können wird, wenn sie aus der freien Wirtschaft in die Forschung wechselt.

Sie, Tessa Teuling, wird die Tiefsee retten. Oder, na ja, wenigstens dafür sorgen, dass ihre Zerstörung bis auf weiteres verschoben wird. Und ihre Beziehung? Ob sie die auch retten kann? Ein Gemisch aus Unruhe und Eifersucht brandet durch ihren Unterleib, als sie an ihren Verlobten denkt. Es macht sie verrückt, dass sie nicht weiß, wo das herkommt. Sind das normale Verlustängste? Die versponnenen Gedanken einer Kontrollfanatikerin? Oder will ihr Unterbewusstsein sie vor etwas warnen? Sie muss das rausfinden, bevor sie das Wort »Hochzeit« überhaupt noch einmal denkt. Nur wie? Sie kann Luuks Treue wohl kaum mit einem Teststreifen kontrollieren als wäre sie ein pH-Wert. Selbst eine Erbgutanalyse würde ihr nicht weiterhelfen. Denn wenn sie sich richtig erinnert, ist eine Schweizer Studie erst kürzlich zu dem Ergebnis gekommen, dass es nicht genetisch bedingt ist, ob Säugetiere poly- oder monogam leben.

Tessa bleibt stehen und beugt sich zu einem Strahlenkörbchen hinunter. Von den bunten Trogmuscheln gibt es unzählige an den niederländischen Stränden, aber diese eine glänzt sie so an, als hätte jemand hinter der spröden, dünnen Schale eine Kerze entzündet. Plötzlich lächelt Tessa. Sie selbst wird Luuks Treue nicht testen können, aber dafür gibt es ja Profis.

Eine Zugfahrt und anderthalb Stunden später geht Tessa Teuling die Raamgracht entlang. Gut geht es ihr immer noch nicht, aber besser. Die Übelkeit hat nachgelassen und ob dem, was sie gerade vorhat, fühlt sie sich so ungewohnt verwegen, als hätte sie sich gerade selbst neu erfunden.

Als sie schließlich vor der Lakshmi steht, wird sie noch einmal unsicher. Vielleicht, weil ihr doch moralische Zweifel kommen. Vielleicht aber auch, weil die Lakshmi so ein abgehalfterter alter Kahn ist. Im Sommer oder an einem sonnigen Herbsttag könnte es hier nett aussehen, mit ein paar Blumen an Deck, Liegen und bunten Hängematten. Aber heute ist alles grau. Die Fassaden der alten Kaufmannshäuser, das Herbstlaub und eben auch dieses Boot, das eindeutig schon bessere Tage erlebt hat. Die Farbe blättert an ein paar Stellen vom Rumpf, die Planken an Deck haben Moos angesetzt, die Reling ist voller Vogelkacke. Da hilft auch nicht, dass das Boot nach einer indischen Glücksgöttin benannt ist.

Etwas unschlüssig steht sie herum, überlegt, ob sie ihren Plan nicht doch wieder verwerfen soll, als sich plötzlich eine feuchte schwarze Nase über die Reling schiebt. Es folgt ein sehr haariges Gesicht mit traurigen Augen und großen Schlappohren. Tessa muss lachen. »Hallo, was bist du denn für ein Hübscher?«

Hinter dem Fellriesen taucht ein zweiter Hüne auf, ein zweibeiniger. »Der Hübsche ist Hund und ich bin Arie.«

Arie Poepjes, das weiß Tessa aus der Zeitung. Sie hat ihn sich anders vorgestellt, eleganter, eine niederländische Sherlock-Holmes-Version. Der echte Arie ist groß und breit, trägt einen abgewetzten blauen Parka, hat ein Gesicht, als wäre er jahrelang zur See gefahren, und sieht insgesamt ähnlich ramponiert aus wie sein Boot. »Willst du zu uns?« Er klingt freundlich.

»Ich glaube schon.«

Arie streckt ihr die Hand hin. »Willkommen an Bord der Hausboot-Detektei.«

2

Eine neue Kundin ist genau das, was die Hausboot-Detektei gerade braucht. Denn seit dem ersten großen Job ist die Auftragslage eher mau. Im August haben Arie, Maddie, Jan und Jack zwei wertvolle entlaufene Zuchtkatzen gesucht und nach drei Tagen im Sarphatipark beim Entenärgern gefunden. Im September sind sie im Auftrag einer alten Dame auf Gespensterjagd gegangen. Eine Woche dauerte es, dann wussten sie, dass für den nächtlichen Spuk im Haus keineswegs ein Poltergeist, sondern der Schwiegersohn verantwortlich war. Er hatte darauf spekuliert, dass die verängstigte Frau ins Heim gehen und ihm und ihrer Tochter das Haus überlassen würde.

Seitdem: nichts.

Jetzt ist es Oktober, im Heizöltank herrscht Ebbe und wenn kein neues Geld in die Kasse kommt, werden Arie und die anderen bald mit Daunenjacken und Heizdecken in der kleinen Kombüse sitzen müssen. An kalten Abenden geht Arie schon jetzt früh zu Bett. Manchmal mit heißem Rumpunsch, aber seltener als er eigentlich möchte, weil er Angst hat, sonst völlig zu versumpfen. Tagsüber reichen zum Aufwärmen noch Jans gute Suppen. Eine köchelt gerade auf dem Herd vor sich hin und verströmt das Aroma von angebratenen Zwiebeln, Knoblauch und frischen Kräutern.

»Riecht lecker hier«, sagt die Besucherin. Arie mag sie sofort dafür, dass sie den Duft kommentiert und nicht den Rest: die dreckigen Tassen in der Spüle, Hunds Pfotenabdrücke auf dem Holzboden, Jack und Maddie, die in dicken Wollpullovern und Jogginghosen auf dem Küchensofa herum lümmeln und nicht mal so tun, als würden sie arbeiten.

»Griechische Bohnensuppe, in fünfzehn Minuten fertig«, sagt Jan, der mit Schürze und Kochmütze am Herd steht. »Willst du eine Portion?«

»Besser keine Bohnensuppe, aber ein schwarzer Kaffee könnte helfen.« Sie nimmt ihre Mütze ab und schüttelt ihre dunkelbraunen, fingerlangen Fransen, die vermutlich immer windzerzaust aussehen. Den gelben Schal und das graue Männerjackett, das sie über dem Rollkragenpullover trägt, lässt sie an. Ist auch besser bei den Temperaturen hier.

Jan füllt den Wasserkocher, Jack klappt seinen Laptop zu und nimmt die Füße von der Küchenbank, Maddie schiebt mit dem Unterarm ein Kartenspiel und ein paar Krümel zur Seite. Arie stellt sie vor: »Das sind meine Kollegen: Jan van Dijk, Maddie Hornix und Jack Addington.« Eine fehlt, denkt er im gleichen Augenblick. Elin Blomgren, die fünfte im Bunde, weilt schon seit Monaten in Panama, weil sie … na ja, weil sie nach dem ersten Auftrag eben mal raus musste.

»Mein Name ist Tessa Teuling«, sagt Tessa Teuling, setzt

sich neben Jack auf die Bank und nimmt Maddie auf der anderen Seite des Tisches ins Visier. Maddie schaut ungerührt zurück.

»Bei *Wer zuerst blinzelt, hat verloren* gewinnt Maddie immer«, sagt Jack nach einigen Sekunden.

Tessa nickt und sagt: »Das könnte funktionieren.« Dann wendet sie den Blick ab und lächelt Jan an, der eine dampfende Tasse vor sie auf den Tisch stellt.

Versteh ich nicht, denkt Arie und kommt fast aus dem Gleichgewicht, weil die Lakshmi einen kleinen Hüpfer macht und sich gleichzeitig Hund an ihm vorbeischiebt. Fünf Leute und ein Neufundländer – da wird es auf so einem Hausboot schnell mal ein bisschen eng. Hund quetscht sich unter den Tisch, dreht sich um die eigene Achse, plumpst auf den Boden und schaut sein Herrchen erwartungsvoll an. Arie besinnt sich, dass er hier so etwas wie der Chef ist, auch wenn er es nicht so nennen würde und die anderen vermutlich auch nicht. Er nimmt einen Stapel Bücher von einem Hocker, legt ihn auf dem Boden ab, und setzt sich. »Was können wir denn für dich tun, Tessa?« Hund legt seinen Kopf auf Aries Fuß.

Tessa trinkt einen Schluck Kaffee. »Es ist so«, beginnt sie, stockt, räuspert sich und fängt von vorne an: »Ich will wissen, ob mein Verlobter treu ist.«

Ach herrje, denkt Arie. Klar, genau das gehört vermutlich zu den häufigsten Aufträgen einer Detektei. Und immerhin haben sie inzwischen ein Auto, einen sehr alten Volvo, bezahlt von dem großzügigen Katzenfinderlohn. Mit Auto ist so eine Observation eindeutig gemütlicher. Aber das ändert nichts daran, dass Arie lieber korrupte

Politiker entlarven oder nach einem gestohlenen Kunstwerk suchen würde, notfalls auch noch mal nach Gespenstern.

»Du glaubst also, dass dein Verlobter eine Affäre hat?«, fragt Maddie nach.

»Ich weiß es nicht. Ich möchte aber wissen, ob er mich betrügen würde, wenn sich ihm die Gelegenheit dazu bietet.«

»Wie soll das denn gehen?«, fragt Jan.

»Mit einem Lockvogel«, erwidert Tessa.

»Es wird immer schlimmer«, murmelt Jack. Arie ist der gleichen Meinung, wirft ihm aber trotzdem einen warnenden Blick zu. Jack zuckt mit den Schultern.

»Ich suche eine Frau, die Luuk scheinbar zufällig über den Weg läuft, zum Beispiel im Vondelpark, da ist er nämlich regelmäßig zum Inlineskaten. Sie würde ein Gespräch beginnen, mit ihm flirten und so tun als wäre sie an ihm interessiert. Geht er darauf ein …« Tessa erklärt nicht mehr, was dann passiert, sondern deutet mit dem Finger auf Jans Kopf. »Deine Kochmütze bewegt sich.«

»Fru Gunilla ist aufgewacht.« Jan lüftet die weiße Mütze.

»Auf deinem Kopf sitzt ein Eichhörnchen«, sagt Tessa in einem Ton, in dem sie auch erzählen könnte, dass vor dem Fenster Kühe vorbeifliegen.

»Da sitzt sie gerne, ich glaube wegen der guten Aussicht«, bestätigt Jan. »Heute war sie aber müde vom Waldspaziergang und ist eingeschlafen.«

Fru Gunilla gähnt und widmet sich der Körperpflege. Erst leckt sie ihre Vorderpfoten ab, dann zieht sie die gesäuberten Krallen wie einen Kamm durch ihren buschigen

Schwanz. Tessa schaut in ihre Tasse, so, als überlege sie, ob ihr jemand was in den Kaffee gemischt hat.

Maddie kichert. Arie grinst und erklärt: »Fru Gunilla ist als Baby aus dem Nest gefallen. Jan hat sie gefunden und aufgepäppelt. Seitdem ist sie unser Maskottchen.«

»Fru Gunilla, ungewöhnlicher Name«, sagt Tessa.

»Nach der Hobby-Detektivin Gunilla Lund, meist nur Fru Gunilla genannt, das ist eine Figur in einer schwedischen Krimiserie von Elin Blomgren«, sagt Maddie.

Tessa fällt offenbar ein, dass sie nicht wegen zahmer Eichhörnchen auf diesem Hausboot sitzt. »Maddie, du wärst als Lockvogel gut geeignet. Du bist genau Luuks Typ.«

Könnte hinhauen, denkt Arie. Denn die beiden Frauen sehen sich durchaus ähnlich. Zierlich gebaut, androgyne Gesichtszüge und ein Ausdruck in den Augen, der sagt, dass sie sich so schnell nicht unterkriegen lassen. Tessa Teuling wirkt im Gegensatz zu Maddie allerdings ein bisschen abgekämpft. Unter den Augen hat sie dunkle Schatten und ihre Haut ist so blass, als wäre sie den ganzen Sommer lang nicht in der Sonne gewesen. Sorgen, zu viel Arbeit oder beides, tippt Arie.

»Warum fragst du nicht eine Freundin?«, will Maddie wissen.

»Ich habe nur eine und die ist nicht Luuks Typ. Außerdem würde sie so etwas nicht machen – viel zu lieb.«

Jack runzelt die Stirn. »Und warum glaubst du, dass wir so etwas machen? Klar, Detektive beschatten natürlich dauernd potenziell untreue Ehemänner. Aber ein Lockvogel als echter Treuetest … Das ist noch mal was ganz anderes, finde ich.«

Guter Punkt, findet Arie. Obwohl er sich schon denken kann, warum: Tessa hatte bestimmt die Zeitungsberichte nach der Sache rund um das hochkarätige Cateringunternehmen C'est Magnifique! gelesen. Dass sein Team und er damals einen Mordfall aufklären konnten – geschenkt. Hängen geblieben war bei den meisten vermutlich nur, dass die Hausboot-Detektive einen ethisch durchaus bedenklichen Auftrag angenommen hatten.

»Das war so eine spontane Idee«, murmelt Tessa und schaut sich um, als suche sie nach einem Fluchtweg. Sie stutzt, sieht zu Arie hinüber und sagt: »Ich bin eine coole Chica.«

»Ähm, ja«, sagt Arie und denkt: durchgeknallt, diese Tessa ist völlig durchgeknallt. Aber das denkt er nur ganz kurz, dann fällt ihm nämlich ein, dass genau dieser Satz hinter ihm auf dem Whiteboard über der Waschmaschine steht. Es ist eine ihrer fünf Hausregeln.

»Das hier ist eine sehr merkwürdige Detektei«, stellt Tessa fest und aus ihrer Tonlage wird nicht klar, ob sie das nun als Kritik oder als Kompliment meint. Da steht:

Die Hausboot-Detektei
Hausregeln

1. *Die Hausboot-Detektive werden nicht wieder straffällig.*
2. *Bei Streit unter Kollegen wird auf Handgreiflichkeiten möglichst verzichtet.*
3. *Ich bin eine coole Chica.*
4. *Fru Gunilla bleibt.*
5. *Wenn doch, lassen wir sie nicht im Stich.*

»Ähm, ja«, stammelt Arie gleich noch einmal.

Tessa sieht durchaus belustigt aus. »Habt ihr ernsthaft mal überlegt, Fru Gunilla abzugeben?«

»Eichhörnchen sind keine Haustiere. Abgesehen davon, hat Fru Gunilla hier ziemlich viel Porzellan zerschlagen«, sagt Jack.

Jan rollt mit den Augen.

»Und ihr seid alle vorbestraft?«

»Nur ein bisschen«, sagt Maddie.

»Witzig: Vier Vorbestrafte gründen eine Detektei«, findet Tessa. »Nur auf die *coole Chica* kann ich mir keinen Reim machen.«

Maddie könnte Tessa jetzt erzählen, dass dieser Satz dort steht, weil es der einzige Satz ist, den ihre Schwester Isa schreiben kann. Und dass Isa 21 ist. Dann würden sich ihre Augen ein bisschen verengen, als eine unausgesprochene Warnung, jetzt bloß nichts Gemeines zu sagen oder mitleidig zu gucken. Zu Aries Erleichterung wechselt Maddie aber einfach das Thema: »Zurück zum Auftrag. Würde es dir als Beweis für seine potenzielle Untreue reichen, wenn Luuk zurückflirtet, oder müsste er mich küssen?«

»Du würdest ihn küssen?«, ruft Jack entsetzt aus. Maddie reagiert mit einem irritierten Blick, Tessa schaut interessiert zwischen den beiden hin und her, bevor sie sagt: »Küssen muss nicht sein. Vielleicht etwas dazwischen. Es reicht, wenn er nicht erzählt, dass er verlobt ist und dir seine Nummer gibt, zum Beispiel.«

Jan krault gedankenverloren Fru Gunillas Nacken. »Würde Luuk dich noch heiraten wollen, wenn er wüsste, dass du ihm so wenig vertraust?«

Plötzlich sieht Tessa Teuling sehr müde und auch ein bisschen traurig aus. Am liebsten würde Arie ihr nun einen Rumpunsch anbieten und eine warme Wolldecke um die Schultern legen.

Wäre beides nicht gut für den professionellen Eindruck, deshalb steht er bloß auf und stellt eine Packung Stroopwaffeln auf den Tisch. Jack und Maddie bedienen sich, Tessa rührt das mit Karamell gefüllte Gebäck nicht an. Stattdessen erzählt sie. Von diesem unguten Gefühl, das sie seit Wochen in der Magengegend spürt, davon, dass sie nicht weiß, ob sie den richtigen Riecher oder einfach ein doofes Eifersuchtsproblem hat. »Ich bin Wissenschaftlerin, ich kann das nicht so gut, mit diesem Bauchgefühl.« Mit einem traurigen Achselzucken fügt sie hinzu: »Das mit der Liebe vielleicht auch nicht.«

»Wer kann das schon?«, sagt Maddie.

Die Hausboot-Detektive jedenfalls nicht, denkt Arie, und er selbst am allerwenigsten. Schnell beugt er sich hinunter, um Hund über seinen großen haarigen Kopf zu streicheln.

»Übernehmt ihr den Auftrag?«, will Tessa wissen.

Jack grunzt unwillig. Schon klar, das ist ein klares Nein. Jan füttert sein Eichhörnchen mit Haselnüssen und macht ein sehr konzentriertes Gesicht dazu. Er möchte sich also raushalten. Arie will sagen: lieber nicht. So eine Detektei wollen sie nun wirklich nicht sein. Andererseits: das Heizöl. Er unterdrückt ein Seufzen und sagt: »Das entscheidet Maddie.«

Alle schauen Maddie an. Maddie sagt: »Bevor ich mich entscheide, will ich diesen Luuk wenigstens mal sehen.«

Kurz darauf hält sie Tessas Handy in der Hand und betrachtet ein Foto. Arie schaut ihr über die Schultern. Abenteuerlustig und ein bisschen verwegen sieht er aus, dieser Luuk Ruis, wie er da barfuß auf einer Wiese sitzt und Gitarre spielt. Dreitagebart, schulterlanges schwarzes Haar und um seine Stirn hat er ein blaues Tuch geschlungen, als würde er gleich noch zum Casting für einen Piratenfilm gehen. Luuk grinst in die Kamera, Maddie grinst zurück.

»Okay, ich mach's.«

3

Jack lässt Tessa Teuling hinaus und das grimmige Herbstwetter hinein. Ein Windstoß fegt durch die Kombüse, wirbelt einen Stapel unbezahlter Rechnungen auf. Fru Gunilla taucht in der Bauchtasche von Jans Hoodie ab, Arie setzt sich eine Mütze auf, Maddie ruft, er soll zumachen, damit sie nicht endgültig erfrieren. Jack hält sein Gesicht in den Nieselregen. Das Beiboot poltert gegen den Schiffsrumpf, zwischen den Bäumen am Ufer sieht Jack noch einmal Tessas langen Schal flattern, dann ist sie verschwunden. Er schließt die Tür und geht zurück zu den anderen, fest entschlossen, nicht lange zu bleiben, heute nicht und überhaupt. Es wird ihm hier alles zu eng. Aber bevor er geht, will er Suppe essen.

Jack nimmt vier Schüsseln aus dem Schrank, Arie schneidet Brot, Jan stellt den Topf auf den Tisch. Einen Löffel später ist Jack froh, dass er noch geblieben ist.

»Falls das nichts mehr wird mit unserer Hausboot-Detektei, könntest du ein Restaurant aufmachen«, sagt Arie.

»Das wird schon noch«, sagt Jan. Vermutlich hört er selbst, dass er nicht überzeugt klingt. Er fügt hinzu, dass das erste Jahr immer das schwerste sei und dass sie nun ja außerdem wieder einen Auftrag hätten.

Jack überlegt, welche Jobalternativen es für ihn gäbe. Wieder als Ingenieur in einem Büro arbeiten – hier oder in seiner Heimatstadt London? Schwer vorstellbar. Als Ingenieur auf einem Containerschiff anheuern? Schon eher. Allerdings braucht man dafür eine spezielle Ausbildung. Am einfachsten wäre vermutlich, er würde Tellerwäscher in Jans Restaurant werden.

»Glaubt ihr, Tessa geht selbst fremd?«, unterbricht Maddie Jacks Gedanken.

»Wie kommst du darauf?«, fragt Jan.

»Wir fürchten nur, was wir kennen«, sagt Maddie und klingt dabei so, als würde sie auf der Kanzel stehen und die Sonntagspredigt halten.

Arie rutscht vor Schreck die Suppe vom Löffel. Maddie grinst. »Habe ich neulich beim Antiaggressionstraining gelernt.«

»Deine Bewährungsauflage«, erinnert Arie sich.

Gar kein schlechter Gedanke, findet Jack. »Und, hilft es schon?«

»Keine Ahnung, du kannst es ja mal ausprobieren. Ich hab jedenfalls noch einige Gruppensitzungen vor mir.« Maddie reißt ein Stück Brot ab und taucht es in die Suppe.

»Dass Tessa ihren Freund so auf die Probe stellen will, finde ich bedenklich«, sagt Jan. »Aber ansonsten war sie doch sehr sympathisch. Schon, dass sie so offen zugibt, nur eine Freundin zu haben.«

»Das ist aber auch ein bisschen traurig«, findet Maddie.

Jack schaut sie an. »Wie viele Freundinnen hast du denn?«

»Zwei, wovon eine leider sehr weit weg wohnt. Dafür zählt die andere doppelt.«

»Das glaube ich auch«, sagt Jan, es klingt fast ein wenig schwärmerisch. Jack wirft ihm einen Seitenblick zu. Jan hat Juanita, das ist Maddies beste Freundin und Nachbarin, seines Wissens erst einmal flüchtig getroffen. Offenbar hat sie einen bleibenden Eindruck hinterlassen.

»Außerdem habe ich noch drei gute männliche Freunde«, sagt Maddie zu Jack.

»Oh, du rechnest mich mit ein. Welch eine Ehre.«

»Eigentlich meinte ich Arie, Jan und Hund. Aber gut, ich will mal nicht so sein: vier gute männliche Freunde also.«

»Na, vielen Dank«, sagt Jack. »Du hast es zwar nicht verdient, aber ich komme zu diesem Treffen trotzdem mit.«

»Zu welchem Treffen?«

»Zu welchem Treffen?«, wiederholt Jack genervt. »Keine Ahnung, wen du in den nächsten Tagen so alles triffst, aber ich meinte das Treffen mit Luuk.«

Maddie sieht ehrlich erstaunt aus. »Willst du ihm einen flotten Dreier vorschlagen, oder was? Ich bin nicht sicher, ob das der Auftragsbeschreibung entspricht.«

Himmel, sie kann ihn in den Wahnsinn treiben, denkt Jack. Vermutlich sollten sie froh sein, dass sie das mit der festen Beziehung nie hinbekommen haben. Wenn er nur nicht so oft an sie denken müsste. »Ich halte mich natürlich im Hintergrund. Aber einer muss auf dich aufpassen. Wir kennen den schließlich gar nicht.«

Maddies Mundwinkel zucken. »Manchmal bist du ja doch sehr süß.«

Das Schlimme ist, dass Jack weiß, dass sie recht hat mit ihrem Spott. Maddie hat lange als Krav-Maga-Trainerin gearbeitet. Sie beherrscht Nahkampftechniken, mit denen sogar das israelische Militär arbeitet, und kann Typen, die doppelt so schwer wie sie sind, ohne sichtbare Anstrengung auf die Matte legen. Er dagegen, nun ja, er hat noch nie jemanden umgehauen und droht ohnmächtig zu werden, wenn er Blut sieht. »Dann geh halt allein.«

»Irgendjemand Rumpunsch? Oder Irish Coffee?«, fragt Arie.

»Vielleicht sollten wir besser darüber nachdenken, wie wir in Zukunft andere Aufträge an Land ziehen können«, schlägt Jan vor.

Arie steht auf und macht Instantkaffee für alle, ohne Whiskey. »Wir könnten versuchen, einen etwas seriöseren Eindruck zu machen.«

Jan lacht. »Du meinst: öfter putzen? Espresso statt Instantkaffee? Jeans statt Jogginghosen? Keine schlafenden Eichhörnchen unter Kochmützen? Ein geheiztes Besprechungszimmer? So was?«

»Zum Beispiel.«

»Klingt langweilig«, sagt Maddie.

»Die Sache hat sowieso einen Haken«, argumentiert Jack. »All das sehen die Leute erst, wenn sie an Bord sind. Sie müssten uns aber schon vorher einen richtigen Auftrag geben wollen.«

»Was macht eigentlich unsere Homepage?«, erkundigt sich Maddie.

»Ich arbeite dran«, sagt Jack, obwohl das höchstens im Ansatz der Wahrheit entspricht.

»Da können wir dann auch unsere Spezialgebiete nennen«, sagt Jan.

Arie stellt die Kaffeetassen auf den Holztisch, in seine

schüttet er viel Milch und noch mehr Zucker. »Was sind denn unsere Spezialgebiete?«

»Große Expertise in der Vermisstensuche«, sagt Maddie. Weil Arie fragend die Augenbrauen hochzieht, fügt sie noch hinzu: »Na, wegen der Katzen.«

Jack muss wider Willen grinsen.

Weiter hinten im Boot rumpelt es. »Fru Gunilla«, ruft Jan streng und springt auf. Aus Jans Bauchtasche lugt ein rotbrauner Eichhörnchenkopf mit großen Knopfaugen hervor.

»Sie ist ausnahmsweise unschuldig«, sagt Jack, und Jan setzt sich wieder. »Die Wellen. Da fällt schon mal was um«, erklärt Arie, während Hund einmal durchs ganze Boot tapst, um zu schauen, ob da nicht doch ein Einbrecher ist.

Maddie räumt den Tisch ab und lässt Wasser ins Spülbecken laufen. »Wir könnten uns die Aufträge für den Anfang auch einfach selbst suchen. Zu tun gibt es in dieser Stadt doch wahrlich genug.«

»Zwangsprostitution, Bandenkriminalität, Drogen«, beginnt Jan aufzuzählen.

»Ich dachte eher an Fahrraddiebe«, murmelt Maddie.

»Wenn wir eine große Drogenbande hochgehen lassen, bekommen wir Mega-Presse und vermutlich mehr Aufträge, als wir annehmen können«, sagt Jack begeistert.

Maddie macht ein Zahnschmerz-Gesicht. »Du liest keine Nachrichten, oder?«

Jan betrachtet Fru Gunilla, die gerade auf seiner ausgestreckten Hand balanciert. »Da mache ich doch lieber ein Restaurant auf. Aufregende Aufträge: ja. Sterben: nein.«

Er übertreibt, findet Jack. Arie nicht. Er erzählt, dass zwei seiner Exkollegen aus dem Drogendezernat Ende letzten Jahres erschossen wurden. Die anderen hätten nun rund um die Uhr Personenschutz.

Maddie trocknet sich die Hände ab und schreibt auf das Whiteboard: *6. Aufregende Aufträge: ja. Sterben: nein.* »Obwohl … wenn ihr das ernst meint mit dem seriöseren Eindruck, sollten wir die Hausregeln vor dem nächsten Kundenbesuch möglicherweise wegwischen.«

»Möglicherweise sollten wir aber auch einfach dazu stehen, dass wir ein klein wenig schräg sind«, sagt Jan.

Arie kratzt sich am Kopf.

Jack schaut auf die Uhr. Kurz vor vier, er wollte doch schon längst weg sein. »Ich muss los«, sagt er, steht auf und zieht seine Regenjacke an. Hund stellt sich schwanzwedelnd an die Tür, er hofft auf einen Gruppenspaziergang. »Später«, vertröstet Arie das Tier, da ist Jack schon halb an Deck.

Er schwingt sich auf sein Fahrrad. Links geht es nach Hause, wenn man das WG-Zimmer in der seelenlosen Hochhaussiedlung am südwestlichen Stadtrand, eine halbe Stunde von der Lakshmi entfernt, denn als Zuhause bezeichnen will. Jack biegt rechts ab. Der Regen ist dichtem Nebel gewichen, einem Gemisch aus Wassertröpfchen und Abgasen. Er fährt ziellos umher, raus aus dem Grachtengordel, am Tropenmuseum vorbei, dann durch den Oosterpark. Viel zu schnell für dieses Wetter tritt er in die Pedale, als könne er so der inneren Unruhe entkommen, dabei weiß er nur zu gut, dass es gegen die nur ein Mittel gibt: weiterziehen, den Job und die Stadt wechseln, am besten gleich das Land. Aber auch das hilft immer nur eine Weile.

Zwei Stunden später betritt Jack müde, hungrig und schlechtgelaunt die WG. In der Küche wird gelacht, bis er die Tür öffnet. Seine beiden Mitbewohner, zwei dröge Jurastudenten, schauen ihn genervt an. Mit am Tisch sitzen zwei junge Frauen, die Jack hier noch nie gesehen hat, von der Sorte Puder, Pullunder und Perlohrringe. Auch sie sind verstummt und betrachten ihn mit einer Mischung aus wissenschaftlichem Interesse und Abneigung. Aber vielleicht bildet er sich das auch nur ein, er will nicht ausschließen, dass er heute etwas überempfindlich ist. »Hi und guten Appetit«, sagt er, so freundlich wie er kann, und wirft einen Blick auf die große Platte mit Sushi, die zwischen den vieren steht.

Einer seiner Mitbewohner legt seinen Arm schützend vor die Platte. Jack stellt sich kurz vor, wie sie wohl gucken würden, wenn er sich mit beiden Händen ein paar feine Reisröllchen greifen und sie sich in den Mund stopfen würde. Lustig wäre das schon. Weniger lustig ist, was in seinem Kühlschrankfach ist: ein Stück kalte Pizza im Karton, eine Tüte englischer Weingummis und eine Dose Bier. Er stapelt alles aufeinander. »Ist das etwa dein Abendessen?«, erkundigt sich die mit dem aschblonden Pagenkopf. »Sieht so aus«, sagt Jack, geht in sein Zimmer, in dem gerade mal ein Bett, ein Kleiderschrank, ein Schreibtisch und drei seit dem Einzug nicht ausgepackte Umzugskartons Platz haben. Aus der Küche hört er Kichern, draußen dröhnt ein Flugzeug vorbei, irgendwo im Haus bellt ein Hund. Er schält sich aus seinen feuchten Klamotten, setzt Kopfhörer auf und kriecht ins Bett. Zu »Djelem Djelem« vom Barcelona Gipsy Klezmer Orchestra belegt er ein Stück Pizza mit

Weingummis. Sieht kreativ aus, schmeckt gewöhnungsbedürftig. Aber das Bier ist gut. Er denkt an Maddie und daran, dass sie morgen diesen Luuk treffen wird. »Not my circus, not my monkeys«, ermahnt er sich. Dann trinkt er die Dose leer, schließt die Augen, lauscht der Musik und hofft, dass der Rest dieses lausigen Tages schnell vorbeigehen wird.

4

Rund neuntausend Kilometer weiter westlich, in einem Garten in Los Angeles, hat der Dienstag gerade erst so richtig angefangen.

Hillary Walker räkelt sich wohlig auf der großen Liege am Pool und greift nach ihrem Smartphone. Antonio, ihr junger, knackiger Personal Trainer und seit zwei Jahren auch ihr Lover, legt seinen Kopf auf ihre Schulter, schaut auf das Display und zieht einen Flunsch. »Also, die Frauen, mit denen ich früher geschlafen habe, wollten nach dem Sex eine Zigarette oder eine Zugabe, und nicht Fotos anderer Männer anschauen.«

Hillary winkt ab. »Zigaretten sind schlecht für die Haut.«

»Was du gerade machst, Darling, ist schlecht für mein Herz«, ruft Antonio theatralisch aus, springt auf, geht an den Rand des Pools, fasst sich an die Brust und kippt nach hinten. Platsch.

Hillary lacht, während Antonio langsam im türkisfarbenen Wasser nach unten sinkt. Sie glaubt nicht, dass er wirklich eifersüchtig ist. Aber dass er so tut als ob, gefällt ihr. Jetzt taucht er prustend wieder auf und klettert aus dem Becken. Hillary versucht sich zu konzentrieren, kann aber den Blick kaum abwenden von diesem starken nackten Körper. Tropfnass setzt er sich wieder zu ihr, streicht mit dem Zeigefinger über ihr Dekolleté, umkreist ihre linke Brust und fährt langsam ihren Bauch hinunter. »Nicht jetzt.« Hillary schaut gespielt streng. »Hol uns doch mal einen Kaffee, Süßer.«

»Pff«, macht Antonio, wirft sich die schwarzen Strähnen in den Nacken und geht.

Hillary zwingt sich, ihm nicht hinterherzuschauen. Sie ignoriert auch das angenehme Pochen zwischen ihren Beinen und wendet sich wieder dem Handy zu. Es gibt zu tun. *Blue Mining* steht kurz vor dem großen Durchbruch. Ein Durchbruch, der ihr Vermögen noch einmal beträchtlich vergrößern wird. Ein Durchbruch, mit dem sie Geschichte schreiben wird als eine der ersten Unternehmerinnen, die die Energiewende möglich gemacht hat. Falls ihr dieser Tom Jonker am Ende nicht doch noch einen Strich durch die Rechnung macht. Sie betrachtet das Profilbild des Niederländers. Er sieht aus wie ein Mann, den sie gerne mal zum Essen einladen würde.

Antonio kommt zurück, erfreulicherweise immer noch nackt, mit einem Tablett. Darauf stehen zwei Tassen Kaffee, zwei Gläser mit frisch gepresstem Orangensaft und ein Teller mit zwei Croissants und ein paar frischen Erdbeeren. Guter Junge, denkt Hillary.

Antonio stellt das Tablett ab und schaut wieder auf das Telefon in ihrer Hand. »Stehst du auf den Typen, oder was?«

»Zu alt für mich«, sagt Hillary und greift nach der Kaffeetasse. Antonio nimmt ihr das Telefon aus der Hand. Das kann sie eigentlich gar nicht leiden, aber sie lässt ihn gewähren.

»Er ist 36«, sagt er.

»Eben.«

Antonio betrachtet sie mit einem Stirnrunzeln, offenbar nicht sicher, ob sie nur einen Scherz gemacht hat. »Bedeutet das, dass du mich in …«, er stockt kurz. »Dass du mich in elf Jahren verlässt?«

In elf Jahren ist sie 61, eine gruselige Vorstellung, findet Hillary. Nicht viel weniger gruselig ist der Gedanke daran, dass sie im November schon fünfzig wird.

Immerhin sieht sie noch nicht so aus. Sie schaut an sich hinunter. Da ist kein Gramm Fett zu viel, ihre Brüste stehen dank eines kleinen Eingriffes besser als die von ihrer 20-jährigen Haushaltshilfe. Erst vor zwei Monaten hat sie sich ein paar neue Fältchen im Gesicht wegspritzen lassen und die ärgerlich früh ergrauten Haare glänzen honigblond. Hillary nimmt ein Croissant, beißt ein Stückchen ab, schließt die Augen und kaut. Langes, bewusstes Kauen hilft gegen den Hunger. Ein bisschen jedenfalls.

»Hier steht, dass er Physik und Chemie in Harvard studiert hat, promoviert hat er in den Niederlanden, in Amsterdam.«

Hillary schluckt den Croissantbrei hinunter und trinkt noch einen Schluck schwarzen Kaffee. Antonio gibt ihr das Telefon zurück. »Willst du ihn bei *Blue Mining* einstellen?«

»Nicht einstellen, kaltstellen will ich ihn.«

»Kaltstellen, wie in *umbringen*?« Antonio macht große

Augen. Niedlich, denkt Hillary, wie naiv er noch immer ist, obwohl er doch wahrlich schon lange genug Einblick in ihr Geschäftsleben hat. »Tom Jonker ist der Wissenschaftler, der mich neulich angerufen und mir dieses unanständige Angebot gemacht hat. Hatte ich dir doch erzählt.«

Antonio schlingt sein Croissant hinunter. Dann erinnert er sich. »Ich dachte, ihr hättet euch geeinigt?«

»Wir haben eine Abmachung getroffen, das stimmt.«

»Aber?«

Hillary seufzt. Manchmal ist er so schwer von Begriff, dass es ihr auf die Nerven geht. »Wer garantiert mir, dass er sich an die Abmachung hält? Ich will lieber keine unnötigen Risiken eingehen.«

»Verstehe.« Antonio deutet auf ihr angebissenes Croissant. »Isst du das nicht mehr?«

Hillary schüttelt den Kopf. »Keinen Hunger«, lügt sie und schiebt den Teller in seine Richtung. Antonio greift zu, beißt ab und fragt mit halbvollem Mund: »Gab es nicht noch jemanden, der die Abbaulizenz für das Peruanische Becken haben will?« Er überlegt, kaut, trinkt einen Schluck Apfelsinensaft. »Hugh Baker oder so ähnlich? Muss der auch sterben?«

»Hugo Beekhof«, verbessert Hillary. »Ich glaube nicht, dass der uns noch gefährlich werden kann. Bis zu den Verhandlungen über die Lizenzen sind es gerade noch zwei Wochen. Und wenn ich richtig informiert bin, hat *Deep Sea Treasures* noch kein funktionierendes Kollektorfahrzeug. Wir hingegen schon.«

»Was du immer alles weißt.«

Hillary lächelt, sagt aber nichts.

»Und diesen Tom? Wie willst du …?«

»Genau das muss ich noch entscheiden. Gift vielleicht?«

»Willst du es etwa selbst machen?«

Hillary schüttelt den Kopf. »Gute Unternehmer zeichnen sich dadurch aus, dass sie delegieren können.«

»An einen Auftragskiller?«

»Jedenfalls an jemanden, der unser Problem schnell aus der Welt schafft.«

»Würde die Polizei bei Gift nicht gleich eine Frau verdächtigen? In Krimis benutzen das jedenfalls nur Mörde*rinnen*.«

Guter Punkt, denkt Hillary. »Wie töten denn Männer?«

Antonio formt mit der rechten Hand eine Pistole und richtet sie auf eine Palme. Peng.

»Gut, dann also mit lautem Knall«, sagt Hillary. Zufrieden darüber, dass sie diesen Punkt nun von ihrer To-do-Liste streichen kann, legt sie ihr Telefon auf den kleinen Tisch neben das Tablett und nimmt Antonios Hand. »Jetzt hätte ich doch gerne eine Zugabe.«

5

»Schach«, sagt der alte Mann.

Luuk Ruis blickt aufs Brett. Sein König ist umzingelt, und wenn ihm nicht etwas wirklich Schlaues einfällt, ist er gleich matt. »Pass doch auf«, schreit jemand links von ihm. Luuk zuckt zusammen, sieht im Augenwinkel das Ausweichmanöver eines Radfahrers, Herbstlaub, ein Stück blauen Himmel und etwas Gelbes. Es knallt, der Tisch fällt um, ein Ellbogen kommt auf ihn zu. Luuk versucht, auszuweichen, dann explodiert seine Nase und es wird dunkel.

Als er wieder zu sich kommt, schaut er in ein besorgtes Gesicht. »Geht's?«

Neben ihm hält eine Radfahrerin an, fragt, ob sie einen Krankenwagen rufen soll. Luuk schüttelt den Kopf und setzt sich auf. Blut läuft ihm aus der Nase, jemand drückt ihm ein Tuch in die Hand. »Ging schon mal besser.«

»Es tut mir sehr leid.«

Er schaut die Frau an, die sich eben noch über ihn gebeugt hat und nun neben ihm auf dem Boden sitzt. Ihr gelbes Kleid und ihre große graue Umhängetasche haben Blutspritzer abbekommen. Der Stoff ihrer Leggings ist über dem Knie aufgerissen, darunter sieht Luuk eine Schürfwunde. An den Füßen trägt sie rosafarbene Inlineskates. Er deutet mit der einen Hand darauf, während er sich mit der anderen das Tuch unter die Nase presst. »Machst du noch nicht so lange, oder?«

Er klingt, als ob er unter Wasser spricht.

»Heute zum ersten Mal. Ich dachte, bei dem schönen Wetter …«

»… könntest du doch mal im Vondelpark ein paar Leute über den Haufen fahren.«

Sie macht ein zerknirschtes Gesicht.

»Möglicherweise haben Sie dem jungen Mann die Nase gebrochen«, stellt der alte Mann, mit dem Luuk eben noch am Schachtisch saß, lapidar fest. »Aber immerhin haben Sie ihn so vor einer fulminanten Niederlage bewahrt.«

Die Frau mit den Inlineskates lächelt schwach. »Na, wenigstens etwas.«

Luuk schaut auf die Schachfiguren, die neben dem umgestürzten Tisch auf dem Pflaster liegen. Dazwischen steht sein Rucksack. Gut, den braucht er. Dann sagt er, was er immer schon einmal sagen wollte: »Ich verliere nie. Niemals wirklich.«

Wirklich beeindruckt sieht aber niemand aus.

Die Frau zieht die Augenbrauen hoch, streckt die Hand aus und befühlt vorsichtig seine Nase.

»Heißt das, wir spielen noch eine Partie?«, fragt der alte Mann.

»Beim nächsten Mal«, sagt Luuk, und es klingt kläglicher als ihm lieb ist. Sie nimmt ihre Finger wieder aus seinem Gesicht. »Ich glaube nicht, dass die Nase gebrochen ist, eher geprellt, aber vorsichtshalber solltest du sie doch röntgen lassen.«

»Kennen Sie sich da aus?«, erkundigt sich der alte Mann.

»Ein bisschen«, sagt sie und zieht sich die Inlineskates von den Füßen. Aus ihrer Umhängetasche nimmt sie ein Paar Stoffschuhe.

»Ärztin?«, tippt Luuk.

»Nicht direkt.«

Ah, denkt Luuk, Krankenschwester vielleicht. Er nimmt das Tuch von der Nase. Sie tut noch höllisch weh, aber immerhin blutet es nicht mehr.

Die Frau rappelt sich hoch, stellt den Tisch auf und sammelt in Windeseile das Schachbrett und die Figuren ein. Dann nimmt sie Luuks Rucksack, dreht sich zu ihm um und streckt ihm die Hand hin. Eine Sekunde später steht Luuk auf seinen Füßen und wundert sich, wie so eine kleine zierliche Person so viel Kraft haben kann. Bestimmt ist sie Krankenschwester, die müssen schließlich dauernd Leute hochheben und bekommen davon ordentlich Muskeln.

»Ich bin übrigens Maddie.«

»Luuk.«

»Wir sollten irgendwo Eis für dich auftreiben. Das hilft gegen die Schmerzen und die Schwellung. Und danach bring ich dich am besten zum Röntgen.«

Luuk schaut auf die Uhr. Ein Krankenhausbesuch ist nicht mehr drin, aber ein Eispack für seine Nase wäre wohl wirklich nicht schlecht. Sie laufen den Weg durch den Park entlang. Hinter ihnen setzt sich der alte Mann mit einem neuen Gegner an den Schachtisch, neben ihnen rennen zwei Hunde einem Ball hinterher. Auf der Wiese wird im

Sonnenschein gepicknickt, dahinter glitzert das Wasser. Die Bäume leuchten gold-grün und Luuk denkt ein bisschen wehmütig, dass er diese goldenen Herbsttage in Amsterdam vermissen wird.

»Du weißt schon, dass Jef Costello am Ende erschossen wird?«, fragt Maddie von der Seite.

Luuk braucht einen Moment, bevor er versteht. Sie kennt also *Le Samouraï*, seinen liebsten Gangsterfilm. »Ich wollte das immer schon mal sagen: ›Ich verliere nie. Niemals wirklich.‹ Du musst zugeben, dass das eines der besten Filmzitate aller Zeiten ist.«

»Ich bin mir da nicht so sicher.« Sie nimmt seine Hand und zieht ihn in ein Café. Gerade denkt Luuk, dass er diese Hand gerne noch ein bisschen länger festhalten würde, da lässt sie auch schon wieder los und fragt an der Theke, ob sie einen Beutel mit Eiswürfeln haben könnten. Dann schaut sie ihn an. »Willst du etwas trinken oder essen? Ich lade dich ein.«

Kurz darauf steht Luuk auf der Herrentoilette vor dem Spiegel, um den Schaden zu inspizieren. Auch seine Jeansjacke hat ein paar Blutflecken abbekommen. Er will sowieso noch mal nach Hause wegen seiner Gitarre, dann kann er gleich eine saubere Jacke holen. Eine neue Nase hätte er auch gerne, jedenfalls solange, bis die alte aufgehört hat, so schmerzhaft zu pochen. Er spritzt sich kaltes Wasser ins Gesicht, zupft ein paar seiner langen Haarsträhnen zurecht und geht zurück ins Café. Maddie sitzt an einem kleinen Fenstertisch, die Kellnerin bringt gerade ein großes Tablett mit zwei Tassen Cappuccino, zwei belgischen Waffeln mit

Schokoladensoße und Schlagsahne und einem mit zerstoßenem Eis gefüllten Gefrierbeutel. Luuk setzt sich und drückt den Beutel auf seine Nase. Es sitzen nicht viele Gäste im Café, aber die, die da sind, starren zu ihnen hinüber.

»Vermutlich sehen wir aus, als hätten wir uns gerade geprügelt«, flüstert er Maddie zu. Sie beugt sich über den Tisch und flüstert zurück: »Hätten wir uns geprügelt, würdest du schlimmer aussehen.«

Luuk lacht auf. Diese Maddie gefällt ihm. Er legt den Eisbeutel zur Seite und schneidet ein Stück Waffel ab.

Maddie isst, schaut aus dem Fenster, dann wieder zu ihm. »Gehst du oft zum Schachspielen in den Park?«

»Fast nie. Aber regelmäßig zum Inlineskaten.« Er schaut zu ihrer Umhängetasche, aus der die rosa Skates herausschauen.

»Du könntest mir vielleicht Unterricht geben.«

Liebend gerne, denkt Luuk, wenn nicht das Timing so schlecht wäre. »Geht leider nicht, weil ich …« Fast hätte er etwas Falsches gesagt. Er räuspert sich. »Weil ich verlobt bin.«

»Oh«, sagt Maddie und lächelt. »Glückwunsch.«

»Sie ist ein bisschen eifersüchtig, meine Verlobte.« Das war jetzt nicht mal gelogen. Tessa war in den letzten Wochen nervtötend misstrauisch gewesen, zum Glück aber auf einer völlig falschen Spur.

»Hat sie Grund dazu?«

»Gar nicht, ich habe in anderthalb Jahren Beziehung nicht mal fremdgeküsst.« Luuk zuckt mit den Schultern, grinst und verzieht gleich darauf das Gesicht. Grinsen und lädierte Nase passt nicht gut zusammen. »Sie liebt mich eben sehr.«

»Und du?«

»Was, und ich?«

»Liebst du sie auch?«

Wohl eher nicht, denkt Luuk. Jedenfalls nicht genug, um die Aussicht auf ein Leben an Tessas Seite in einem Amsterdamer Apartment reizvoller zu finden als den Traum, finanziell ganz und gar unabhängig zu sein. Die letzten Monate war seine Auftragslage so schlecht gewesen, dass Tessa ihn mehr oder weniger mit durchgefüttert hat. Eine Tatsache, die der Beziehung vermutlich auch nicht wirklich zuträglich gewesen war. Dabei hatte es so gut angefangen zwischen ihnen, in den ersten Wochen waren sie kaum aus dem Bett gekommen. Damals war sie aber auch noch nicht so kontrollierend und eifersüchtig gewesen. Und er hatte ihre nervtötende Mutter noch nicht kennengelernt. Am Ende will er aber gar nicht Tessa die Schuld geben. Vermutlich ist ihm so eine feste Beziehung einfach zu eng. Aber über all das will er nicht sprechen.

Er trinkt den letzten Schluck Cappuccino.

Maddie wirft ihm ein leicht ironisches Lächeln zu, kommentiert aber nicht, dass er ihre letzte Frage nicht beantwortet hat. Stattdessen zahlt sie und wiederholt ihr Angebot, ihn ins Krankenhaus zu fahren. »Ich habe das Auto am Park stehen.«

»Kannst du mich auch einfach zu Hause absetzen?«

»Klar, aber du solltest das wirklich abklären lassen. Musst du heute noch arbeiten?«

»Nö, die nächsten Tage habe ich frei.«

Maddie schaut ihn von der Seite an, während sie langsam die Straße runtergehen. »Musiker?«, fragt sie.

»Sehe ich so aus?«, fragt er, durchaus geschmeichelt.

»Ein bisschen.«

»Ich spiele Gitarre«, sagt er. »Aber leider nur als Hobby. Geld verdiene ich als Veranstalter. Ich organisiere kleinere Events wie Tanzshows, Jazzkonzerte und so was. Läuft aber schon länger nicht mehr gut. Vielleicht ist es Zeit für etwas Neues.«

»Wie was?«, fragt Maddie nach.

»Musiker zum Beispiel.« Luuk lacht. »Noch besser wäre natürlich Privatier. Ein Privatier, der Musik macht, surfen geht und in seinem großen Garten Rosen züchtet.«

»Du willst Rosen züchten?«

»Klar, das ist sicher total entspannend.«

»Fehlen dir also nur noch ein paar Millionen, bis du nicht mehr arbeiten musst und dir das Haus mit Garten leisten kannst.«

»In Strandnähe wäre gut. Damit ich es zum Surfen nicht so weit habe«, sagt Luuk.

Sie gehen um die nächste Ecke, dann bleibt Maddie neben einem blauen Volvo stehen, der aussieht, als könnte der Boden jeden Moment durchrosten.

»Ein Oldtimer«, kommentiert Luuk.

Maddie lacht und öffnet ihm die Seitentür. »Oldtimer mit Chauffeurin, ein kleiner Vorgeschmack auf dein Leben als Privatier.«

Luuk setzt sich auf den Beifahrersitz, was erst geht, nachdem er einen Stapel Altpapier im Fußraum zur Seite geschoben hat, und nimmt seinen Rucksack auf den Schoß. Maddie zückt ihr Handy. »Wohin?«

»Tweede Jan van der Hejdenstraat, bitte.«

Maddie gibt die Adresse ein und startet den Motor. »Oude Pijp, nettes Viertel.«

»Nett, aber teuer«, sagt Luuk und schaut auf die Uhr. Noch dreieinhalb Stunden. Er kramt in seinem Rucksack herum. Das neue Handy, Papiere, USB-Stick, Kreditkarte, Visitenkarten, Tabletten gegen Reiseübelkeit, alles da.

Jemand hupt. Maddie tritt laut fluchend auf die Bremse. Luuks Oberkörper fliegt nach vorne, wird unsanft vom Gurt gebremst. Sein Knie stößt an das Handschuhfach. Der Rucksack fällt um und kippt den Inhalt des vorderen Faches in den Fußraum.

»Sorry, ich habe nicht gesehen, dass da einer von rechts kommt«, sagt Maddie, als sie nach einer Schrecksekunde weiterfährt.

»Machst du das heute auch zum ersten Mal?«, erkundigt sich Luuk, während er seine Sachen wieder einsammelt. Ihm ist ein bisschen schwindelig.

Maddie lacht. »Mir fehlt nur ein bisschen Fahrpraxis.« Sie sieht ihn von der Seite an. »Du blutest wieder.« Er fasst sich ins Gesicht und fühlt etwas Feuchtes, Warmes.

»Im Handschuhfach könnte eine Rolle Küchenpapier liegen.«

Luuk findet sie, stoppt die Blutung und stopft die blutigen Tücher in eine leere Brötchentüte, als Maddie in die Tweede Jan van der Hejdenstraat einbiegt. »Welche Hausnummer?«, will sie wissen.

»Nimm einfach den Parkplatz da vorne.«

Wenig später steht Luuk auf der Straße. Er hebt die Hand zum Abschied, wartet, während Maddie rückwärts ausparkt und wegfährt. Er wendet sich nach links, geht ein Stück und wirft einen Blick auf die andere Straßenseite, Hausnummer 82, zweiter Stock. In diesem roten Klinkerhaus mit weiß umrandeten Fenstern hat er jetzt über ein Jahr gewohnt. Er zieht den Schlüssel aus der Tasche und will schon die Straße überqueren, als in der Küche das Licht angeht. Er sieht Tessas Silhouette. Dabei hat sie beim Frühstück gesagt, dass sie noch mal zu ihrer Mutter fahren würde.

»Och nee«, murmelt Luuk und steckt den Schlüssel wieder ein. Seine Gitarre lässt er nicht gerne zurück. Rein und schnell wieder raus kann er aber auch nicht, nicht mit dieser Nase. Ob das hier ein schlechtes Omen ist? Die Sonne ist jetzt auch weg, verborgen hinter einer lilagrauen Wolkenwand. Dann knallt es irgendwo, laut, vermutlich nur ein Motorrad mit Startschwierigkeiten, aber es klingt, als wurde gerade etwas in die Luft gesprengt. Luuk fröstelt, seine Kopfhaut kribbelt. Aber dann erinnert er sich daran, dass er nicht an Vorzeichen glaubt, jedenfalls nicht an die schlechten.

6

Maddie sammelt den Müll ein. Mit der Linken hält sie eine große Tüte auf, mit der Rechten schaufelt sie alte Zeitungen, leere Brötchentüten, Bonbonpapier und alles andere rein, was im Fußraum des Volvos liegt. Schon ein bisschen peinlich, jemanden in so einem Auto mitzunehmen. Andererseits eine gute Tarnung: kein Mensch würde vermuten, dass diese verdreckte Schrottkarre zu einer Detektei gehört.

Zehn Minuten muss sie noch laufen, freie Parkplätze sind in der niederländischen Hauptstadt genauso rar wie bezahlbare Wohnungen. Es grenzt an ein Wunder, dass Isa und sie vor fast zwei Jahren die kleine Dachwohnung im alten Stadtzentrum gefunden haben, in einem dieser typischen alten Grachten-Häuser, die aussehen wie aus Pfefferkuchen. Den Hausbesitzer hat Maddie nie getroffen, aber Onno, der alte Nachbar aus dem zweiten Stock, kennt ihn und sagt immer: »Der hat ein Herz für Leute, die es schwer haben im Leben.«

Kann schon sein, aber heute ist Maddie ganz leicht zumute, als sie die knarzenden alten Holzstufen nach oben steigt. Nur ihr Knie brennt ein wenig.

Sie öffnet die Wohnungstür, es riecht ganz leicht nach Zitrone, aus dem Wohn-Koch-Schlafzimmer kommen Salsaklänge. »Hallo, bin wieder zu Hause«, ruft sie, stellt im Flur die Tasche ab, legt die Mülltüte neben den Korb mit Altpapier und zieht die Schuhe aus.

»Hi, Süße«, ruft Juanita fröhlich zurück.

»Miau«, sagt Isa, als Maddie das große Zimmer betritt. Sie sitzt auf dem Sofa und lässt eine kleine, schwarz-weiße Papierkatze zusammen mit Janneke, ihrem Stoffhasen, durch die Luft hüpfen. Normalerweise arbeitet Isa montags bis freitags im Café Anders, aber heute werden dort die Toiletten renoviert und es ist geschlossen. Juanita musste sowieso nicht zur Uni und hat auf Isa aufgepasst.

Jetzt tänzelt sie vor der kleinen Küchenzeile hin und her. In der Hand hält sie die Pfeffermühle, als wäre die ein Mikrophon und sie eine junge, langhaarige Version von Millie Small. Maddie geht zur Spüle, füllt ein Glas mit Leitungswasser und schaut in die Auflaufform.

»Karibischer Hähnchentopf«, sagt Juanita.

»Du bist ein Star«, sagt Maddie.

Juanita wirft Maddie einen Kuss zu und schiebt den Bräter in den Ofen.

»Hast du heute einen Räuber gefangen?«, will Isa wissen.

»Da war kein Räuber. Eigentlich war dieser Luuk sogar ziemlich nett«, sagt Maddie.

»Räuber wäre aber spannender«, findet Isa.

»Ziemlich nett also«, wiederholt Juanita in einem Aha-du-stehst-auf-ihn-Ton.

»Ziemlich nett und verlobt«, sagt Maddie.

Juanita mustert sie und ihr Lächeln verschwindet. »Sind das Blutflecken auf deinem Kleid?«

»Ja«, sagt Maddie und fängt an zu lachen.

»Hast du dir weh getan?«, ruft Isa aufgeregt, stellt die Katze zu einigen anderen Origami-Tieren auf den Sofatisch und eilt zu ihrer Schwester.

»Wenn Maddie so lacht, war es *sein* Blut«, vermutet Juanita.

»Aber ihr Knie ist auch kaputt.« Isa umarmt Maddie und drückt ihr einen feuchten Schmatzer auf die Wange.

»Nur ein Kratzer«, sagt Maddie. »Das mit dem Bremsen muss ich noch üben, aber immerhin sind Juanitas Inlineskates heil geblieben.«

»Ich hole Verbandszeug«, ruft Isa, mehr freudig denn besorgt. Maddie wischt sich Isas Spucke aus dem Gesicht und geht zu ihrem Kleiderschrank im Flur, um sich umzuziehen.

Wenig später sitzt sie im Jogginganzug auf dem Sofa, ein Hosenbein bis übers Knie hochgekrempelt. Isa sprüht Desinfektionsmittel auf die Wunde und klebt ein Pflaster mit blauem Einhorn drauf.

»Also?«, will Juanita wissen, und Maddie erzählt. Dass sie von Tessa wusste, dass Luuk mittwochs häufig mit Inlineskates im Park unterwegs ist. »Heute aber nicht, da hat er Schach gespielt.«

»Schach ist doof«, kommentiert Isa.

»Jedenfalls habe ich ihn plötzlich am Schachtisch entdeckt und, wupps, bin ich wie von allein zu ihm gerollt.«

»Klingt, als könnten meine Skates Gedanken lesen«, lacht Juanita.

»Dass ich anhalten wollte, haben sie dann leider nicht verstanden.«

»Du bist in ihn reingefahren?«

»In ihn und in den Tisch. Wir sind gestürzt, und bei dem Versuch, mich irgendwo abzustützen, habe ich Luuk meinen Ellbogen in die Nase gerammt.«

Juanita verzieht ihr Gesicht, als hätte sie gerade selbst einen Schlag abbekommen.

»Ist die Nase auch kaputt?«, fragt Isa und setzt Janneke auf ihren Schoß.

»Halb so wild, glaube ich, aber geblutet hat es ohne Ende. Wir waren aber trotzdem noch Waffeln essen und am Schluss habe ich ihn zu Hause abgesetzt.«

»Und? Hat er dir seine Telefonnummer gegeben?«, fragt Juanita.

Maddie schüttelt den Kopf. »Er hat sogar von seiner eifersüchtigen Verlobten erzählt. Was aber auch daran liegen könnte, dass er nicht auf Frauen steht, die ihm die Nase blutig schlagen.«

Isa legt ihre Stirn in Falten. »Manchmal verstehe ich nicht genau, was ihr in der Hausboot-Detektei eigentlich genau macht.«

»Ich auch nicht.« Maddie zuckt mit den Schultern. »Hattet ihr denn heute Spaß?«

»Am Ende schon«, sagt Isa.

»Und am Anfang?«

Isa antwortet nicht und zappelt herum, bis Janneke von ihrem Bein rutscht und gegen Maddies Hand fällt. Die großen Ohren sind ein bisschen feucht. Maddie nimmt Janneke hoch. »Hast du gebadet?«, fragt sie den Stoffhasen. Der schaut sie nur stumm aus seinen Knopfaugen an, sieht aber eher so aus, als hätte er am Vormittag Blumen umgetopft und anschließend vielleicht noch eine größere Heulattacke überstanden.

Maddie schaut Isa an. Isa zieht Janneke an sich und betrachtet den Spitzenbesatz ihres bunten Patchworkrocks. Es ist einer der vielen Röcke, die sie aus günstigen Stoffresten zusammengenäht hat. Juanita, die im Schneidersitz auf einem großen Kissen sitzt, deutet mit dem Kinn zum Sofatisch.

Fünf Origami-Tiere stehen da: die Katze, ein Hund, ein Schwein, ein Frosch und ein Schwan, alle aus mit schwarzen Buchstaben bedrucktem Papier gefaltet. Maddie beugt sich vor, nimmt das Schwein hoch und betrachtet es aus der Nähe. *Amsterdam Fashion Academy* liest sie auf dem Schweinerücken und versteht: Noch eine Modeschule hat abgelehnt. Es war die letzte, bei der sich Isa beworben hat.

Maddie stellt das Schwein zurück zu den anderen Tieren, obwohl sie große Lust hätte, es aus dem Fenster zu werfen. Stimmt schon, ihre Schwester kann nicht lesen und nur einen Satz schreiben, vielleicht denkt sie auch ein bisschen langsamer als andere. Sie kann anstrengend sein wie ein kleines Kind, oft ist sie distanzlos, unberechenbar, laut.

Aber Isa ist auch der liebste Mensch, den Maddie kennt. Wenn Isa lächelt, müssen alle mitlächeln. Sie zeichnet wunderbar und kreiert aus alten Flohmarkt-Funden neue bunte, lustige Kleider. Also genau das, was die Modeindustrie und überhaupt die ganze Welt braucht. Nur die Modeschulen sehen das offenbar anders. »Solche Idioten«, sagt Maddie und legt Isa einen Arm um die Schulter.

Isa zieht ein Stück Küchenpapier aus der Tasche ihrer Strickjacke und putzt sich lautstark die Nase. Dann kichert sie leise. »Wenn ich einmal eine berühmte Modedesignerin bin, stelle ich die Tiere in meinem Atelier auf die Fensterbank und lache darüber.«

»Sehr richtig«, pflichtet ihr Juanita bei. »Coco Chanel hatte schließlich auch keine formelle Ausbildung.«

Was soll man darauf noch sagen? Tausend Aber aufzählen oder doch lieber den Mund halten? Maddie entscheidet sich für Letzteres. Schließlich trägt sie seit einigen Monaten ebenfalls Isas Kreationen. Inzwischen mag sie den Paradiesvogel-Look, warum sollte es da anderen nicht genauso gehen? Also anderen, die nicht ihre Mutter sind. Die hat sich beschwert, dass jetzt beide Töchter aussehen würden wie Vogelscheuchen.

»Warum grinst du so?«, will Isa wissen.

»Och«, sagt Maddie. Über Mütter will sie nicht sprechen, das macht Isa nur traurig. Da fällt ihr etwas Besseres ein: »Einen neuen Auftrag habe ich schon für dich. Für die Hausboot-Detektei brauchen wir nämlich einen Vorhang.«

»Wild bemalt?«

»Wir lassen der Designerin freie Hand.«

»Super-duper-gut«, ruft Isa und fällt Maddie um den Hals.

Maddie hofft, dass Arie und die anderen das auch so sehen.

Zwischen karibischem Hähnchentopf und holländischem Vlaflip mit Brombeeren piept Juanitas Handy. Nicht das Smartphone, über das sie ihre Freunde erreichen, sondern das pinke mit Totenkopf. Sie nimmt es aus der Tasche und liest die Nachricht.

»Musst du heute Nacht wieder Seelsorge machen?«, fragt Isa.

Seelsorge – das ist die Erklärung für Isa und, wie Juanita gerne betont, im weitesten Sinn gar nicht mal so falsch. Konkret ausgedrückt quält Juanita nachts manchmal Männer, die sie dafür bezahlen. So finanziert Juanita ihre Wohnung und ihr Architekturstudium. Aber heute Abend nicht.

»Heute habe ich keine Lust«, sagt sie zu Isa und schaltet das Handy aus.

Juanita hat in letzter Zeit öfter keine Lust, fällt Maddie auf. Dann denkt sie daran, dass sie Tessa Teuling noch schreiben wollte, wie das Treffen mit Luuk gelaufen ist. Immerhin bekommt die Wissenschaftlerin für ihr Geld eine gute Nachricht.

»Wird da niemand traurig sein?«, fragt Isa.

»Möglich.« Juanita schiebt sich einen Löffel Nachtisch in den Mund. »Zum Glück bin ich nicht die Einzige, die das mit der Seelsorge kann.«

7

Ein paar Stunden später. Hugo Beekhof sitzt in seinem Lieblingssessel am bodentiefen Fenster in einem der schwimmenden Waterbuurt-Häuser in Ijburg, dem neuesten und innovativsten Wohnviertel der Stadt. Er könnte hinaus auf das Ijmeer sehen, das unter dem rosablauen Abendhimmel prachtvoll schimmert.

Hat er heute aber keinen Blick für. Zu schlechte Laune. Schon in der Nacht hat er blöd geträumt, davon, dass seine Firma pleite geht und Floris ihn verlässt. Am Morgen hat er festgestellt, dass sein Haar lichter wird. Dann hat er sich am Schreibtisch den großen Zeh gestoßen und sich anschließend über seine Sekretärin geärgert (sie hat tatsächlich gegrinst, während er Schmerzenslaute von sich gab). Und seit dem Mittag wartet er auf eine Nachricht von der Frau, die diesen Tag vielleicht noch retten könnte, es aber offensichtlich nicht vorhat.

»Jetzt leg das Ding doch mal weg.« Floris steht an der kleinen Hausbar und sprüht Sahne auf den Advocaat.

Durchaus schuldbewusst legt Hugo sein Handy auf den Beistelltisch. Kurz darauf stellt sein Mann die Gläser daneben. »Jetzt mach nicht so ein Gesicht, Hugo. Sie ist doch sicher nicht die Einzige, die das kann«, sagt er und lässt sich in den zweiten Sessel fallen.

Hugo stockt der Atem und er glaubt, gleich ohnmächtig werden zu müssen. Hat Floris etwa in seinem Handy geschnüffelt? Er hätte seine rechte Hand darauf verwettet, dass er das nicht tun würde. Nachdem er doch nicht ohnmächtig wird, schielt er zu Floris hinüber, der seinen Eierlikör mit Sahne löffelt und aussieht wie immer: ein attraktiver, glattrasierter Mitvierziger mit vollem blondem Haar, runder roter Brille und leichtem Bauchansatz. Keine Spur von Wut oder Eifersucht in seinem weichen Gesicht, eher Besorgnis.

»Die was kann?«, fragt Hugo vorsichtig nach.

Floris schaut ihn leicht belustigt an. »Na, diese Maschine auf Trab bringen, was sonst? Ich merke doch, dass du Tag und Nacht an nichts anderes mehr denkst. Und jetzt sitzt du seit Stunden da, starrst auf dein Handy und wartest darauf, dass Tessa dir schreibt, dass Indiana Jones endlich abtauchen kann.«

Gott sei Dank, denkt der im allgemeinen atheistische Hugo, und für einen Moment fühlt es sich tatsächlich so an: Als ob es da einen Gott oder auch mehrere geben würde, die ihn gerade vor der Katastrophe seines Lebens bewahrt haben. Floris glaubt, er wartet auf eine Nachricht von Tessa. Er hat keine Ahnung, dass er eigentlich … Hugo schüttelt sich, er will es nicht einmal denken.

»Alles okay?«

»Ja, danke, Schatz.« Hugo schiebt sich einen Löffel mit

dem dickflüssigen Likör in den Mund. Ein Jenever wäre ihm jetzt eigentlich lieber gewesen. »Ich weiß, ich benehme mich albern. Tessa kann mir ja gar nicht schreiben, sie ist schließlich diese Woche krank.«

»Krank*geschrieben*.«

Hugo steht auf, holt die Flasche Advocaat und zwei gevulde koeken. »Als ich am Montag mit ihr telefoniert habe, hat sie sich wirklich kläglich angehört.«

Floris deutet auf die Flasche. »Wolltest du heute Abend nicht noch mal ins Büro fahren?«

»Ich habe es mir anders überlegt.« Hugo setzt sich und schaltet sein Handy aus.

»Sehr vernünftig.« Floris schaut ernst: »Irgendwie traue ich dieser Tessa Teuling nicht über den Weg.«

»Wie kommst du darauf?« Hugo ist ehrlich erstaunt. Floris ist ja – zum Glück – eher nicht der misstrauische Typ. Außerdem hat er Tessa erst wenige Male getroffen.

Floris beißt in den großen, mit Mandelmasse gefüllten Keks. »So ein Bauchgefühl«, sagt er schließlich, in seinem Mundwinkel hängen noch Krümel. »Und müsste sie nicht schon längst fertig sein? Als die brillante Wissenschaftlerin, die sie zweifelsohne ist? Und dass sie ausgerechnet jetzt krank wird, ist auch ein seltsames Timing.«

»So ein Kollektorfahrzeug für die Tiefsee ist auch ein kleines bisschen anspruchsvoller als …« Als mit ein paar Kindern Krokodile aus Pappmaché zu basteln, wollte Hugo sagen. Aber dann wäre Floris beleidigt und würde sagen, dass er seinen Beruf belächelt. Dabei hat Hugo gar nichts gegen Grundschullehrer.

»Anspruchsvoller als was?«

»Na ja, anspruchsvoller als die meisten anderen Maschinen. Tessa zeigt mir auch regelmäßig die Pläne.«

»Die du dann regelmäßig nicht verstehst?«

Stimmt schon, aber darüber will Hugo nicht sprechen. »Mal ehrlich: Tessa hätte doch gar nichts davon, wenn sie die Entwicklung vorsätzlich verzögert. An der Abbaulizenz hängt schließlich auch ihr Job.«

Floris dreht das Glas in seiner Hand. »Warum hast du noch mal kein größeres Team eingestellt?«

»Weil es kaum Leute gibt, die so ein Fahrzeug entwickeln können und wollen. Zudem war es eine finanzielle Frage. Das hatten wir doch schon mal.«

»Meinst du, dass das in den USA anders ist?«

Hugo verdreht die Augen. Manchmal hat er doch etwas gegen Grundschullehrer, jedenfalls, wenn sie auf diesem bescheuerten Ich-stelle-so-viele-Fragen-bis-du-von-selbst-drauf-kommst-Trip sind. Als wäre er ein Viertklässler. »Was weiß ich«, sagt er leicht patzig.

»Nun, nehmen wir mal an, dass die Situation dort ähnlich ist. Dann hat Hillary Walker von *Blue Mining* möglicherweise ähnliche Probleme wie du.«

Hoffentlich hat sie die, denkt Hugo. Wäre kaum auszudenken, wenn die Konkurrenz früher als er ein funktionierendes Kollektorfahrzeug fertigstellen würde.

»Nun, du zahlst Tessa ein ziemlich ordentliches Gehalt.«

Worauf will Floris hinaus? Natürlich bezahlt er Tessa gut, schließlich will er mit Indiana Jones ein Millionengeschäft machen. Da würde doch jeder Unternehmer …

»Moment mal«, leuchtet es Hugo plötzlich ein. »Willst

du andeuten, dass Tessa schon längst fertig ist, von mir Gehalt bezieht, die Pläne aber hinter meinem Rücken an Hillary Walker verkaufen will?«

Floris lächelt und kaut unerträglich lange auf dem letzten Stück Keks herum, bevor er antwortet. »Könnte doch sein, oder? *Blue Mining* würde für die Pläne sicher eine Menge Geld auf den Tisch legen.«

»Ich glaube, so ist Tessa nicht«, sagt Hugo. Stimmt auch, andererseits: Kann man sich überhaupt je ganz sicher sein? Wenn er es richtig mitbekommen hat, läuft es für Tessas Verlobten, diesen etwas windigen Veranstalter, beruflich nicht besonders. Vielleicht hat der sie auf dumme Ideen gebracht? Außerdem ist Tessa Mitte dreißig, wahrscheinlich will sie irgendwann eine Familie gründen. Ein bisschen Startkapital käme da sicher nicht ungelegen.

Floris legt ihm eine Hand auf den Arm. »Es muss ja gar nicht so sein. Aber solltest du nicht doch noch ein oder zwei Ingenieure einstellen? Es müssen überhaupt keine Koryphäen sein, reicht ja schon, wenn sie Tessas Pläne verstehen und dir Bericht erstatten können. Vertrauen ist gut, Kontrolle ist besser. Vor allem, wenn so viel davon abhängt.«

Hugo blickt nachdenklich auf das Wasser vor dem Haus. Inzwischen ist es dunkel geworden. »Sehr viel hängt von der Sache ab«, gibt er seinem Mann recht. Ihre finanzielle Sicherheit, das Überleben seiner Firma und die Aussicht, als einer der Männer in die Geschichte einzugehen, die den Energiewandel möglich gemacht haben. Hugo steht auf und geht noch einmal zurück an die Hausbar. Jetzt braucht er doch etwas Hochprozentiges.

8

Tessa Teuling beißt in eine Chilischote. Soll gegen Angstzustände helfen. Aber der große Klumpen im Magen bleibt, das Zittern und der flache Atem auch. Zusätzlich hat sie nun tränende Augen, eine tropfende Nase und ein höllisches Brennen im Mund. Scheiß Tipp.

Trotzdem versucht sie es mit dem nächsten: kaltes Wasser ins Gesicht, über der Küchenspüle, platsch, platsch. Das wäscht immerhin den Rotz weg, aber ihre Angst ist wasserfest.

Luuk ist nicht nach Hause gekommen. Am Mittwoch nicht und gestern, am Donnerstag, auch nicht. Jetzt ist schon Freitag, drei Uhr morgens. Tessa wählt seine Handynummer, seit Mittwochabend zum gefühlt tausendsten Mal. Und zum tausendsten Mal keine Antwort. Vielleicht ist auch der Akku leer oder kaputt oder er hat das Ding irgendwo liegen gelassen.

Tessa legt sich auf die kalten Küchenfliesen und atmet in eine leere Brötchentüte. Plötzlich muss sie an ihre Uroma denken. Die, so erzählt die Familienlegende, hatte am

11. Mai 1940 um 12 Uhr mittags mit einem Schrei die Suppenschüssel fallen gelassen und gesagt: »Mein Gerard ist tot.« Erst zwei Tage später hatte die Familie erfahren, dass Tessas Uropa tatsächlich ungefähr um diese Zeit gestorben war, erschossen von einem deutschen Soldaten.

Seit sie diese Geschichte vor rund dreißig Jahren zum ersten Mal gehört hat, glaubt Tessa, dass man es eben irgendwie spürt, ob ein geliebter Mensch am Leben ist oder nicht.

Einatmen, ausatmen. Einatmen, ausatmen. Noch fünfmal. Einatmen, ausatmen. Tessas Atem beruhigt sich. Der Rest bleibt schlimm.

Sie hat gesucht nach dieser magischen Verbindung, die ihr verraten könnte, ob Luuk tot ist oder lebt und im besten Falle auch wo und in welchem Zustand. Aber da kommt nichts, sie spürt nur sich selbst, und das ist in diesem Zustand nicht schön.

Tessa lässt die Papiertüte sinken. Klar denken, ermahnt sie sich, rappelt sich hoch und macht einen Kaffee.

Noch einmal liest sie Maddies Nachricht, die sie am späten Mittwochnachmittag bekommen hat.

Hallo Tessa, es tut mir sehr leid wegen Luuks Nase! Wart ihr beim Röntgen? Falls nicht, solltet ihr das unbedingt nachholen. Wahrscheinlich hast du von Luuk auch schon gehört, was heute alles passiert ist, aber hier kommt auch noch mal meine Version: Luuk war heute Morgen tatsächlich im Vondelpark – er hat mit einem alten Mann Schach gespielt, war also nicht auf Inlineskates unterwegs. Ich schon, was möglicherweise ein Fehler war.

Das Fahren hat gut geklappt, Bremsen nicht. Und so habe ich deinen Verlobten über den Haufen gefahren und ihm dabei aus Versehen meinen Ellbogen in die Nase gerammt. Vermutlich nicht der Auftritt, den du dir von einem Lockvogel erhofft hast (eigentlich verführe ich Männer in der Regel auch nicht, indem ich ihnen eine blutige Nase schlage). Aber dann waren wir zusammen im Café, um Eis für die Nase zu holen. Ich habe Luuk auf eine Waffel eingeladen und ihn ordentlich angeflirtet. Keine Chance! Er hat gleich von dir erzählt, mir weder seine Telefonnummer gegeben noch nach meiner gefragt. Auch auf der Fahrt nach Hause (ich habe ihn bei euch in der Straße abgesetzt) gab es keine Annäherungsversuche. Ich würde sagen: Er hat den »Treuetest« mit Bravour bestanden.
Viele Grüße, Maddie von der Hausboot-Detektei

Beim ersten Mal Lesen hatte sich Tessa über die lädierte Nase aufgeregt, dann über das »mit Bravour bestanden« gefreut. Zum Schluss blieb die Frage, warum Luuk nicht gleich nach Hause gekommen war, wo Maddie ihn doch quasi vor der Haustür abgesetzt hatte. Vielleicht war ihm auf den letzten Metern eingefallen, dass der Tag viel zu schön war, um ihn drinnen zu verbringen? Oder er hatte beschlossen, mit einem Taxi ins Krankenhaus zu fahren. Als Tessa am Mittwochabend noch immer nichts von ihm gehört hatte und ihn auch nicht erreichen konnte, hatte sie angefangen, sich Sorgen zu machen. Noch in der Nacht hatte sie alle Krankenhäuser und am Ende auch die Polizei angerufen. Aber nirgendwo gab es einen Luuk oder einen nicht identifizierten Mann, auf den ihre Beschreibung gepasst hätte. »Wenn er bis Freitag nicht auftaucht, können sie eine Vermisstenanzeige aufgeben«, hatte eine mitleidig klingende Polizistin gesagt.

Luuks Schwester, die sie am Donnerstag kontaktierte, war weniger nett, auch wenn sie mit zuckersüßer Stimme sprach: »Wahrscheinlich hat er dich verlassen, Tessa-Darling. Fände ich jetzt auch nicht super surprising.«

Tessa-*Darling*, wiederholte Tessa in Gedanken. »Aber würde er einfach so verschwinden?«

»Das heißt *Ghosting*, total im Trend. Aber ich melde mich, wenn ich etwas von ihm höre, ja?«

Hatte sie recht? War Luuk abgehauen? Hatte er herausgefunden, dass sie eine Treuetesterin engagiert hatte? Vielleicht hatte Maddie sich verplappert. Sicher würde er sauer sein, sie der grundlosen Eifersucht bezichtigen, ganz vielleicht auch Knall auf Fall ausziehen. Aber eins würde er nicht machen: seine Gitarre zurücklassen. Sein Pass, der war auch noch da.

Angst hatte sich in Tessas Brust ausgebreitet, bis für nichts anderes mehr Platz war – nicht mal mehr Gedanken an Hugos Unternehmen, Kollektorfahrzeuge, Abbaulizenzen und ihre Forschungsarbeit. Die sie noch immer nicht Korrektur gelesen hatte. Stattdessen war sie in Luuks Büro gegangen, fand aber nur eine dicke Staubschicht. Es sah nicht aus, als ob er in letzter Zeit viel gearbeitet hätte. Sie setzte sich an den Schreibtisch, startete den Apple. Konnte doch sein, dass Luuks Verschwinden etwas mit seinem Job zu tun hatte. Tessa wusste, dass sich in der Branche einige zwielichtige Typen herumtreiben, die ziemlich ungemütlich werden können, wenn es um Geld geht. Andererseits hatte Luuk nur kleinere Musikevents organisiert, da ging es nie um sehr viel Geld. Sie kam dann sowieso nicht weiter als bis zur Startseite, auf der sie nach dem Passwort gefragt wurde.

Noch vom Büro aus hatte sie ein paar von Luuks alten Kumpels angerufen, anschließend suchte sie in seinen Lieblingsparks und -cafés. Keine Spur.

Tessas Magen rebelliert. Gegen die schlaflosen Nächte, gegen das viele Koffein und vielleicht auch gegen die dunklen Gedanken, die sich gerade in ihrem Kopf formen. Denn wenn Luuk weder im Krankenhaus liegt noch durchgebrannt ist, bleibt eigentlich nur eine Option übrig: Er ist das Opfer eines Verbrechens geworden. Verschleppt, ermordet, tot oder lebendig irgendwo versteckt.

Fünf Stunden später, halb neun am Freitagmorgen, betritt Tessa Teuling die Polizeistation.

»Die Kollegen sind fast alle bei den Krawallen in Rotterdam. Irgendwelche Idioten zünden mal wieder Autos an«, sagt eine Polizistin, die wie eine Schülerpraktikantin aussieht.

Noch während sie spricht, greift sie zum Telefon. »Wessel, ich habe hier eine Vermisstenanzeige.«

Tessa versteht nicht, was dieser Wessel antwortet, aber es klingt unwirsch.

»Weiß ich, aber sonst sind alle weg.«

Die Polizistin legt auf und lächelt Tessa an. »Kommen Sie mit, der Chef persönlich wird sich der Sache annehmen.«

Der Chef, Hoofdcommissaris Wessel de Boer, sitzt hinter seinem großen Schreibtisch. Er sieht genervt aus und auch so, als ob er dort schon die ganze Nacht gesessen hätte.

»Mein Verlobter ist verschwunden«, sagt Tessa. Ihr ist schwindelig.

»Soll vorkommen«, sagt de Boer und deutet auf einen Besucherstuhl.

Er nimmt ihre Personalien auf, dann erzählt Tessa, was passiert ist, von Anfang an, das heißt, auch den Teil, der ihr inzwischen mehr als peinlich ist.

Der große Mann macht sich ein paar Notizen, zwischendurch betrachtet er ein Foto, das auf seinem Schreibtisch steht. Seine Frau oder seine Kinder, vermutet Tessa. Sie sieht den Rahmen nur von hinten. Als sie fertig ist, lehnt sich der Hoofdcommissaris in seinem Stuhl zurück, verschränkt die Arme und schaut sie an. Sein brauner dicker Schnurrbart zuckt spöttisch. »Sie haben also eine Treuetesterin auf ihren Verlobten angesetzt.«

Tessa nickt. Sie merkt, wie ihr die Hitze in die Wangen steigt.

»Und da wundern Sie sich, dass er die Flucht ergreift?«

»Aber …«, stammelt Tessa, während sie auf ihre Fingerknöchel starrt und gegen die Tränen ankämpft.

»Aber Sie dachten, dass er davon gar nichts mitbekommen würde«, unterbricht de Boer sie und schiebt ihr eine Packung Taschentücher über den Schreibtisch. Er klingt jetzt nicht mal unfreundlich, fast schon verständnisvoll, aber auch so, als wolle er ihr gleich noch ein paar Gummibärchen zum Trost in die Hand drücken und sie dann so schnell wie möglich nach Hause schicken. Tessa will nicht unverrichteter Dinge gehen müssen. Sie will, dass dieser Hoofdcommissaris seine Leute aus Rotterdam zurückruft und mit der ganzen Belegschaft die Stadt durchkämmt, zur Not auch das ganze Land, bis sie Luuk gefunden haben.

Sie putzt sich die Nase, atmet tief ein und aus, setzt sich gerade hin und schaut Wessel de Boer in seine braunen Augen. »Ich bin mir sicher, dass ihm etwas zugestoßen ist. Luuk hätte mich nie verlassen, ohne seine Gitarre mitzunehmen. Und seinen Reisepass hätte er doch wohl sicher auch mitgenommen.«

De Boer seufzt und schaut auf seinen Notizblock. »Welche Agentur …«, er sagt *Agentur* so, als handele es sich um etwas Ekliges, »… haben Sie denn mit der Sache beauftragt?«

»Die Hausboot-Detektei.«

De Boer hebt den Kopf und fixiert sie mit einem plötzlich sehr wachen Blick. »Die Hausboot-Detektei«, wiederholt er.

»Ja«, sagt Tessa, etwas unsicher durch seine Reaktion. »Eine Maddie war der Lockvogel. Ich weiß ihren Nachnamen leider nicht.«

Mit einer abrupten Bewegung steht Wessel de Boer auf und tritt ans Fenster. »Maddie Hornix.«

Er dreht sich wieder zu Tessa um. »Ich werde mich der Sache annehmen, Mevrouw Teuling. Sie erzählen mir jetzt noch einmal alles ganz genau, von Anfang an. Darf ich Ihnen einen Kaffee anbieten?«

9

Arie steht an Deck, eine Hand in der Hosentasche, die andere auf Hunds weichem Nackenfell. Er schaut auf den Schlauch, durch den das Heizöl in den Tank gluckert, und lächelt.

Geht doch. Tessa Teuling hat prompt überwiesen und sie müssen erst mal nicht mehr frieren. Noch ein paar mehr Aufträge und er kann anfangen, richtige Gehälter auszuzahlen. Bisher sind sie nämlich nur deshalb über die Runden gekommen, weil das Amt ihnen einen Gründungszuschuss bewilligt hat. Aber daran will Arie an diesem schönen Freitagvormittag nicht denken. Die Detektive haben heute frei, Maddie muss zum Anti-Aggressionstraining, Jack hat einen Termin beim Zahnarzt und Jan will mit Fru Gunilla in den Wald. Eigentlich ein guter Tag, um mit Hund einen langen Spaziergang zu machen.

»Auch eins?«, ruft eine raue Stimme von der Cordelia, die längsseits der Lakshmi angelegt hat. Roos, besser bekannt als *Roddelroosje*, weil sie neben Heizöl auch den neuesten Klatsch in die Grachten bringt, lehnt an der Reling und hält mit dreckigen Händen zwei Flaschen Grolsch hoch. Arie will schon die Hand ausstrecken, aber dann erinnert ihn sein Hosenbund mit einem leichten Zwicken daran, dass so ein Bierbauch auch Nachteile hat, und er winkt dankend ab. Roos zieht die Augenbrauen hoch, bis sie unter der Krempe ihrer alten Matrosenmütze verschwinden. »Auf dem Gesundheitstrip, eh?«, fragt sie, drückt einen der Kronkorken mit dem Daumen nach oben und setzt die Flasche an die Lippen.

Arie schaut der kleinen, drahtigen Frau beim Trinken zu. Soweit man weiß ernährt sie sich fast ausschließlich von Bier, Pommes und Zigaretten, nimmt aber trotzdem kein Gramm zu. Irgendwann würde er gerne ein paar mehr Solarplatten aufs Dach legen und auf Infrarotheizung umsteigen. Macht weniger Dreck, senkt langfristig die Kosten und ist besser für die Umwelt. Er wäre nicht der erste Bootsbesitzer. Wenn noch viele umsteigen, muss sich Roddelroosje wohl nach einem neuen Job umsehen. Oder besser in ihrem Zweitjob werden. Sie sagt sowieso häufig, dass die Tage auf dem Kahn schlecht für ihre Bandscheiben sind. Schon länger versucht sie, als Hackerin Karriere zu machen. Nicht als eine, die die Leute um ihr Geld bringt, sondern als so genannte Ethical Hackerin, die Schwachstellen in Softwaresystemen aufdeckt und dafür von den betroffenen Organisationen und Unternehmen bezahlt wird. Sehr weit ist sie Aries Wissens nach aber damit noch nicht gekommen.

Jetzt rülpst Roos, die dem Hörensagen nach Anfang fünfzig ist, aber mindestens zehn Jahre älter aussieht, und wischt sich den Mund mit dem Ärmel ihres Blaumanns ab.

»Hast du mal wieder was von deinem Sohn gehört? Er studiert Biologie in Wien, nicht wahr?«

Innerlich stöhnt Arie über Roos' chronische Neugier und ihr Talent, da nachzubohren, wo es weh tut. Aber er weiß auch, dass Roos keine Ruhe geben wird, bevor sie eine Antwort hat. Das ist ihr Geschäftsmodell: Sie liefert Öl, bezahlt wird sie mit Geld und Neuigkeiten. Deshalb sagt er ausweichend: »Tut er. Und es geht ihm gut, wir haben neulich miteinander gesprochen.«

Ist nicht mal gelogen. Ihm selbst geht es allerdings nicht besonders gut, wenn er an das letzte Telefonat mit Matts denkt. Dabei ist es nicht dramatisch schlecht gelaufen, also eigentlich besser als viele Male davor, aber eben immer noch nicht richtig gut. Und um ein Treffen drückt sich Matts nach wie vor.

Arie schlug vor, dass er im November nach Wien fahren könne. Matts hat am 10. November Geburtstag, er selbst fünf Tage später. »Dann könnten wir mal wieder zusammen feiern.«

Mal wieder war natürlich ein Witz. Die meisten Geburtstage, Weihnachtsfeste und Schulauftritte in Matts' Leben hatte Arie entweder gar nicht oder nur zur Hälfte miterlebt, weil irgendeine Leiche dazwischengekommen war. Könnte sein Sohn ihm vorwerfen, stattdessen sagte er überhaupt nichts. »Ich bin ja jetzt nicht mehr bei der Polizei«, schob Arie nach. Als ob das nach so einem Abgang irgendjemand vergessen könnte. Besser hätte er gesagt, wie leid es ihm tue wegen all der verpassten Feste. Dass er in punkto Liebe und Familie offenbar noch viel dazulernen müsse, aber dass er wenigstens verstanden habe, dass es im Leben Wichtigeres als die Arbeit gebe.

»Im Oktober sind Natascha und ich in Ägypten«, sagte Matts.

Natascha. Natascha? Nein, Arie war sich sicher: den Namen hatte er noch nie gehört. Seit der Trennung seiner Eltern hatte Matts den Kontakt auf ein Minimum reduziert. Ganz verdenken konnte Arie es ihm nicht. »Ist Natascha deine neue Freundin?«

Matts brummte zustimmend. Es klang nicht unfreundlich, aber eben auch nicht so, als wolle er weitere Fragen beantworten. Nicht drängen, ermahnte sich Arie innerlich, und auch die Enttäuschung nicht raushängen lassen. Es war bestürzend, wie viel man bei einem Telefonat mit dem erwachsenen Kind alles falsch machen konnte.

»Ägypten, wie schön. Da wünsche ich euch schon mal erholsame Ferien.«

»Wir arbeiten als Freiwillige für eine Umweltschutzorganisation, die versucht, geschädigte Korallenriffe wiederherzustellen.«

Arie erschrak – lauerten in den ägyptischen Korallenriffen nicht Haie und andere Gefahren? »Hast du das schon deiner Mutter erzählt?«

»Habe ich. Sie war dagegen.« Matts klang genervt.

»Doch nur, weil sie Angst um dich hat.« Warum verteidigte er Sanne eigentlich noch? Aus Angst vor der Antwort beschloss Arie, nicht weiter über diese Frage nachzudenken.

Matts stöhnte auf. »Sie war dagegen, weil wir da als Freiwillige arbeiten. Wir sollten uns besser einen anständig bezahlten Job in einem zukunftsträchtigen Unternehmen suchen.«

»Oh.«

»Ja, oh. Da gibt es eine Chance, die Welt ein Stückchen besser zu machen, und euch geht es mal wieder nur ums Geld.«

»Uns?«

»Jedenfalls den meisten aus eurer Generation. Sonst hätten wir diesen Schlamassel doch gar nicht.« Matts klang aufgebracht, aber Arie freute sich, dass er überhaupt mal wieder mit ihm redete.

»Matts, können wir uns nicht mal wieder treffen? In Wien oder in Amsterdam oder, wenn es sein muss, auch in Ägypten? Dann kannst du mir auch erklären, wie das geht, das Korallenriff-Retten.«

»Ja, klar«, sagte Matts mit seiner Eher-nicht-Stimme, mit der er schon als Kind auf die Frage reagiert hatte, ob ihm der Blumenkohlauflauf schmecke.

»Matts …«, begann Arie, aber da fiel Matts ein, dass er sich beeilen musste, um die nächste Vorlesung nicht zu verpassen.

Hund leckt über Aries Hand und holt ihn zurück in die Gegenwart.

»Eigentlich hätte ich jetzt doch gerne ein Bier.«

Roos reicht ihm kommentarlos ein Grolsch. Sie hält ihre leere Flasche hoch. »Soll ich noch zwei holen?«

»Wir sind im Dienst«, sagt eine Stimme hinter seinem

Rücken. Arie fährt herum. Dort kommen gerade zwei Polizisten an Bord. Diederick und Pieter, erinnert Arie sich vage.

»Du bist mir ein schöner Wachhund«, sagt er zu Hund. Der wedelt mit dem Schwanz, läuft auf die uniformierten Männer zu und sabbert ihnen auf die Schuhe. Dann dreht er sich um, kommt zu Arie zurück und lässt sich vor seine Füße plumpsen.

Diederick schaut von der Hundespucke auf seinen Schuhen zur Bierflasche in Aries Hand. »Ekelhaft«, sagt er.

»Guten Morgen«, sagt Pieter. Er fixiert einen Punkt hinter der Reling, während er von einem Bein aufs andere tritt. Ihm ist das Ganze sichtlich unangenehm. »Auf Ihren Namen ist ein Volvo zugelassen.«

Sie siezen mich, stellt Arie überrascht fest. Und sie sind wegen des Volvos hier. Vielleicht hat jemand den Wagen in die Gracht gerollt oder angezündet.

»Können Sie uns sagen, wo das Auto am Mittwoch war?«, will Diederick wissen.

Am Mittwoch hatte Maddie das Auto für ihren Auftrag im Vondelpark. Das sagt Arie aber nicht. Er war lange genug selbst Polizist, um zu wissen, dass man im Zweifel am besten den Mund hält.

»Also?«, fährt Diederick ihn an.

Arie zuckt nur mit den Schultern. »Ich kann mich nicht erinnern.«

Diederick seufzt demonstrativ. »Hoffentlich wissen Sie wenigstens, wo es steht.«

Für einen Augenblick überlegt Arie, ob er das auch vergessen soll und sie suchen lässt. Aber es bringt ja nichts. Er stellt die Bierflasche ab und nimmt Hund an die Leine. »Ich bringe Sie hin.«

Fünf Minuten später und zwei Querstraßen weiter stehen sie vor dem blauen Volvo. Arie schließt auf. Diederick zieht Plastikhandschuhe an, öffnet die Beifahrertür und beugt sich über den Sitz. »Blutflecken«, konstatiert er.

Vor ihnen fährt ein Abschleppwagen an den Straßenrand.

»Das war doch nur Nasenbluten«, rutscht es Arie heraus.

»Klar«, sagt Diederick und öffnet den Kofferraum.

Da liegen Ersatzreifen, ein Erste-Hilfe-Koffer, Warndreieck, ein Paar Gummistiefel von Arie, eine Regenjacke von Jan, ein Stock von Hund, viele schwarze Haare und eine Picknickdecke. Hund wedelt mit dem Schwanz und will hineinspringen. »Heute nicht«, sagt Arie.

Diederick sieht fast so enttäuscht aus wie Hund. Was hatte er denn erwartet? Kokain? Eine Leiche? Trotzdem will er den Wagen mitnehmen. »Konfisziert. Bis auf weiteres.« Warum, das erklärt Arie niemand. Aber auch so weiß er natürlich, dass sie den Verdacht haben, dass die alte Karre, die es im September kaum durch den TÜV geschafft hat, bei einer Straftat eingesetzt wurde. Immerhin: Ihn wollen sie im Moment nicht mit aufs Revier nehmen. Vermutlich wissen sie also schon, dass nicht er, sondern Maddie am Mittwoch mit dem Wagen unterwegs war. Während der Volvo auf den Abschleppwagen gezogen wird, gehen Arie und Hund nach Hause. Ob das hier etwas mit dem Treffen mit Luuk zu tun hat? Arie versucht, Maddie anzurufen. Sie geht nicht ran.

Roddelroosje ist mit der Cordelia schon weitergeschippert, gerade legt sie drei Boote weiter beim alten Willem an. Arie nimmt die halbvolle Flasche Grolsch, der Herbstwind hat sie kühl gehalten. Trotzdem schmeckt das Bier schal und bitter.

10

Auf der anderen Seite der Stadt sitzt Maddie im Stuhlkreis und soll ein Wutköfferchen packen.

»Meine Wut ist zu groß für ein Köfferchen«, hat sie angemerkt und alle haben gelacht. Na ja, fast alle. Die Psychologin Dr. Krause, deren Jeans heute so eng ist, dass der blaugeäderte Bauch zwischen Hosenbund und Shirt hervorquillt, hat nur müde gelächelt und dann mit einer schwer erträglich milden Stimme erklärt, dass sie da wohl etwas falsch verstanden habe. »In unser Wutköfferchen kommen alle Strategien, die du während der letzten Treffen erlernt hast und die dir am besten helfen, in einer *Triggersituation* Ruhe zu bewahren.«

»Positive Selbstgespräche und Atemübungen zum Beispiel«, sagt Johan, ein schöner Cellist mit hässlichem Hang zum Jähzorn. Er ist hier, weil er seiner Freundin ein Veilchen geschlagen hat.

Die Psychologin nickt wohlwollend, dann wendet sie sich noch einmal Maddie zu. »Aber lass uns doch gerne noch einmal darüber sprechen, woher deine große Wut kommt, Maddie.«

Das hat man nun davon, wenn man einmal einen schlechten Scherz macht.

»Denk doch kurz darüber nach, in der Zwischenzeit möchte ich euch allen ein kleines Geschenk geben. Als Dankeschön für eure gute Mitarbeit in den letzten Stunden.«

Dr. Krause verteilt einen Stapel Bücher. *Umarme deine Wut*, liest Maddie. Himmel.

»Vielen Dank, da steht sicher noch vieles drin, das wir in unser Wutköfferchen packen können«, sagt Johan.

»Streber«, kommentiert Viggo. Er ist hier, weil er jemandem, der seiner Mutter Geld schuldete, den kleinen Finger gebrochen hat.

»Also, Maddie?«, fragt die Psychologin.

Maddie grinst schief. Sie wird jetzt auf keinen Fall über dieses Gefühl reden, das sie wie ein Tsunami überrollen kann, wenn zum Beispiel jemand Isa beleidigt. »Ich bin allergisch gegen Stuhlkreise«, sagt sie deshalb.

Die Psychologin zieht ihr Shirt nach unten, bis es die Speckröllchen fast bedeckt.

»So kommen wir doch nicht weiter«, spricht Johan aus, was vielleicht auch Dr. Krause gedacht hat.

»Ich bin allergisch gegen Johan«, sagt Viggo. »Und gegen Polizisten.« Maddie bemerkt, wie sich seine tätowierten Unterarme anspannen. Dann folgt sie Viggos Blick. Hinter der Glastür stehen zwei Polizisten.

»Wir suchen Frau Maddie Hornix«, sagt einer der Uniformierten.

Die Psychologin räuspert sich.

»Die ist gestern auf die Malediven geflogen«, sagt Viggo.

Johan deutet mit der rechten Hand auf Maddie.

Maddies Magen fühlt sich an, als wäre dort die nächste Eiszeit angebrochen. »Ist etwas mit meiner Schwester?«

Der bärtige Polizist schüttelt den Kopf. »Wir müssen Sie allerdings bitten, uns aufs Revier zu begleiten. Wir haben einige Fragen an Sie.«

Bitten klingt freundlicher als es gemeint ist, das weiß Maddie. Sie hat keine Ahnung, was die von ihr wollen, aber gut, immerhin verpasst sie den Rest dieses bescheuerten Antiaggressionstrainings. Sie steht auf, steckt *Umarme deine Wut* in ihre Tasche und sagt: »Von mir aus, aber um vier muss ich Isa abholen.«

Zwanzig Minuten später sitzt Maddie dem Hoofdcommissaris Wessel de Boer gegenüber. Wie ein wütendes Walross sieht er aus, mit diesen kleinen müden Augen und dem riesigen braun-grauen Schnurrbart. Den hatte er bei ihrem letzten Treffen noch nicht. Dafür riecht er gut, nach frisch gebackenem Brot und sonnengereiften Tomaten.

»Es geht um Luuk Ruis«, sagt de Boer.

Ist Luuk wegen der Sache mit der Nase etwa zur Polizei gegangen? Und sie hatte geglaubt, er wäre nett.

»Es war ein Unfall«, stellt sie klar.

Wessel schüttet sich einen Kaffee ein, bietet ihr aber keinen an. »Erzählen Sie doch mal Ihre Version der Geschichte.«

Maddie erzählt, wie sie Luuk über den Haufen gefahren

hat. »Es war wirklich keine Absicht. Der alte Mann, mit dem Luuk Schach gespielt hat, kann das sicher bezeugen.«

»Wir werden das überprüfen. Im Moment interessiert mich allerdings viel mehr, was *nach* diesem angeblichen Unfall passiert ist.« Wessel blättert in ein paar Unterlagen. »Sie waren mit Luuk Ruis nach diesem Zusammenstoß in einem Café und haben Eis für seine Nase geholt. Dann ist er in ihr Auto gestiegen, richtig?«

Warum fragt er eigentlich, wenn er sowieso schon alles weiß? Und was ist überhaupt das Problem? War die Verletzung doch schwerwiegender gewesen als sie gedacht hatte? War Luuk zu Hause etwa zusammengebrochen? Dann hatte vielleicht Tessa und nicht Luuk die Polizei benachrichtigt.

Sicherheitshalber wird sie schweigen. Beim letzten Mal, nach der Sache mit diesem Ruben Visser, hatte sie sich bei der Vernehmung um Kopf und Kragen geredet. »Aussageverweigerungsrecht«, hatte ihr Anwalt ihr anschließend eingebläut. »Denken Sie daran doch bitte beim nächsten Mal.«

Jetzt war es so weit, obwohl sie ja diesmal nicht nur im Recht, sondern außerdem völlig unschuldig war. Vielleicht könnte ihr dieser de Boer wenigstens mal erklären, worum es eigentlich geht. Ist doch schon ein bisschen komisch, dass sich ein Hoofdcommissaris mit einer lädierten Nase beschäftigt. Als gäbe es in Amsterdam nichts Wichtigeres.

De Boer steht auf und stützt sich mit den Händen auf den Schreibtisch, wahrscheinlich, weil er bedrohlich wirken und sie einschüchtern will. Ein gezielter Haken unters Kinn und er wäre k. o. Alternativ könnte sie ihn auch einfach an den Handgelenken packen und über den Tisch ziehen.

Schade eigentlich, dass sie ihren Job als Krav-Maga-Trainerin verloren hat. Sonst könnte sie Seminare für die Polizei anbieten und sicher viel Geld verdienen.

»Reden Sie!«, brüllt de Boer sie plötzlich an und im letzten Moment kann Maddie ihren Reflex unterdrücken, das mit dem Kinnhaken an Ort und Stelle zu demonstrieren. »Auf den anderen eingehen und sich gesprächsbereit zeigen«, hat Dr. Krause empfohlen. Kann sie mal ausprobieren, denkt Maddie und sagt das Erste, was ihr in den Sinn kommt: »Ich finde, ohne Schnurrbart sahen Sie besser aus.«

Wessel de Boer haut mit der flachen Hand so fest auf den Tisch, dass der Kaffee aus seiner Tasse schwappt und der Fotorahmen dort nach hinten umkippt. Maddie dreht den Kopf und betrachtet das Bild. Da steht Wessel im schwarzen Anzug und mit breitem Lächeln, neben ihm steht eine Brünette im schlichten elfenbeinweißen Kleid. Das ist also Sanne. Kluge braune Augen hat sie. Obwohl sie ja eher dumm ist, dafür muss Maddie sie nicht mal kennenlernen. Echt: den sanften lustigen Arie wegen so einem Haudegen verlassen. Und Wessel, der hatte seinen besten Freund betrogen. Beim Gedanken daran bereut Maddie es fast ein bisschen, ihm eben doch nicht gegen sein eckiges Kinn gehauen zu haben. »Aber richtig glücklich wird man dann doch nicht, mit so vielen Schuldgefühlen, oder?«, sagt Maddie mehr zu sich selbst als zu dem Mann auf der anderen Seite des Tisches.

Für einen Moment entgleisen Wessels Gesichtszüge, dann nimmt er das Foto und wirft es in die oberste Schreibtischschublade. Er setzt sich wieder hin und trocknet die Kaffeepfütze mit einem Papiertaschentuch. Maddie schaut auf die Uhr. Noch zwei Stunden, bis Isa im Café Anders fertig ist. Vielleicht muss sie doch ein wenig kooperieren, um hier rechtzeitig wegzukommen.

De Boer schmeißt das Papiertuch in den Mülleimer. »Wir haben Blutflecken im Volvo gefunden.«

»Nasenbluten«, erinnert Maddie ihn. »Ich wollte Luuk eigentlich zum Röntgen ins Krankenhaus fahren, aber es war ihm lieber, dass ich ihn zu Hause absetze. Tweede Jan van der Hejdenstraat, Oude Pijp.«

»Nur dass er da nie angekommen ist.«

»Ist er doch, falls er sich nicht auf den letzten drei Metern in Luft aufgelöst hat. Und falls er mir nicht eine falsche Adresse gegeben hat.«

Wessel guckt, als glaube er ihr kein Wort. »Hat er sie provoziert? Sie haben doch versucht, mit ihm zu flirten, schließlich war das Ihr Job.«

Ah, das mit dem Auftrag als Treuetesterin weiß er also auch schon. Dann war es tatsächlich Tessa, die mit der Polizei gesprochen hat. Nur warum?

Wessel fährt fort: »Da Sie offenbar nicht reden wollen, erzähle ich Ihnen mal, wie es abgelaufen ist: Luuk hat Sie auf unwirsche Weise abgewiesen. Vielleicht haben Sie auch von Ihrer behinderten Schwester erzählt und Luuk hat etwas Abfälliges gesagt.«

»Isa ist nicht behindert!« Sie Arsch, fügt Maddie in Gedanken hinzu und ist ziemlich stolz, dass Sie es nicht ausspricht. Vielleicht hat sie bei Dr. Krause doch was gelernt. Von wegen Selbstbeherrschung und so.

»Das meine ich. Kaum sagt jemand etwas, das Ihnen nicht gefällt, werden Sie wütend. Luuk beleidigt also Sie oder Ihre Schwester, Sie rasten aus.« De Boer tippt auf eine Akte, die rechts von ihm auf dem Schreibtisch liegt. »Das hatten wir ja schon alles einmal, nicht wahr, Mevrouw Hornix? Nur diesmal fällt Ihr Opfer unglücklich, schlägt seinen Kopf an, stirbt. Jetzt müssen Sie mir nur noch verraten, was Sie mit der Leiche gemacht haben.«

Maddie starrt Wessel de Boer an. Dann schaut sie sich im Raum um. Vielleicht ist das hier ein schlechtes Revival von Bananasplit, dieser Sendung mit versteckter Kamera, die ihre Eltern früher manchmal geschaut haben. Aber sie entdeckt nichts. »Sie sind komplett übergeschnappt«, folgert sie deshalb.

Findet er nicht gut, das sieht sie daran, wie sein Schnurrbart zuckt. Aber bevor er wieder auf den Tisch hauen oder rumbrüllen kann, klopft hinter ihr jemand an die Tür und tritt ein. Es ist eine Frau im Hosenanzug, trotzdem ist Maddie sich sicher, dass auch sie Polizistin ist. Sie tritt dicht an Wessel heran und flüstert ihm etwas zu. »Smartphone« meint Maddie zu hören.

»In der Gracht also«, sagt Wessel zufrieden, nicht ganz so leise.

Sie fragt etwas, das Maddie nicht versteht. Er nickt, sie eilt aus dem Zimmer.

Dann lehnt Wessel de Boer sich in seinem Stuhl zurück und betrachtet sie mit einem maliziösen Lächeln. Man muss keine übersinnlichen Fähigkeiten haben, um zu wissen, was er gerade denkt: Jetzt kriegen wir Sie dran. Maddie versteht nur immer noch nicht, weswegen eigentlich.

11

Tessas Bildschirm bleibt blau. Zwei, drei Minuten vergehen. Dann erscheint eine Mitteilung in Weiß. *A problem has been detected.*

»Noch eins«, sagt Tessa. Irgendwas ist mit ihrer Harddisk nicht in Ordnung. Den Rest, das ist der Fehlercode und eine Anweisung von Windows, versteht sie leider nicht. Aber sie beginnt zu glauben, dass Edward A. Murphy recht hatte. Wie viel kann in einer Woche schiefgehen?

Tessa widersteht dem Impuls, ihr Laptop zu packen und gegen die Wand zu schmeißen, zusammen mit Luuks Gitarre, Hugos Maschine und überhaupt dem ganzen Rest ihres Lebens. Stattdessen steht sie auf, geht in die Küche und staubt die Teekanne ab.

Heute gibt es »Keep calm« statt Kaffee, Lieke hat ihr die Kräutermischung am Vortag geschenkt. Außerdem dunkle Schokolade, zwei mit Hummeln bedruckte Stofftaschentücher, einen Fotoband über das Leben unter Wasser und eine weiche Decke, die Tessa nun aus Liekes »Trostkörbchen« nimmt und sich um die Schultern wickelt.

»Sie sollten jetzt nicht zu viel allein sein«, hat Wessel de Boer ihr zum Schluss empfohlen. »Vielleicht können Sie Ihre Mutter bitten, zu Ihnen zu kommen. Oder eine Freundin.«

Ihre Mutter ist einer der letzten Menschen, die sie in dieser Situation sehen will. Also hat sie Lieke angerufen, sie hatten ja sowieso schon viel zu lange nichts voneinander gehört. Und Lieke sagte, was gute Freundinnen sagen sollten, wenn der Verlobte verschwunden ist: »Ich komme nachher vorbei.«

Nachher hatte Lieke allerdings geschrieben, dass Tessa doch besser zu ihr kommen solle. Angeblich ging es ihrem Kater nicht gut, aber Tessa vermutete, dass Lieke einfach keine Lust hatte, ans andere Ende der Stadt zu fahren. Tessa beschloss, dass es sowieso eine gute Idee war, mal raus zu kommen. Selbst auf die Gefahr hin, dass Luuk gerade dann zurückkommen würde, wenn sie nicht da war. Falls er überhaupt zurückkam. Nach dem Besuch auf dem Polizeirevier war die aufgeregte Verzweiflung der ersten Tage einer Art Schockstarre gewichen. Tessa fühlt sich, als säße sie hinter der dicken Milchglasscheibe eines Operationssaales – abgetrennt von der Welt, leicht betäubt, in einer dumpfen Erwartung großer Schmerzen.

Sie denkt an den Abend in Liekes winzigem Apartment in der gesichtslosen Hochhaussiedlung zurück. »Du musst dich irgendwie ablenken«, sagte Lieke, nachdem sie eine Stunde lang über Luuk und das schreckliche Gefühl der Ungewissheit gesprochen hatten.

Love. Live. Laugh, empfahl das Wandtattoo, das schon

über dem vom Sperrmüll geretteten Küchentisch gehangen hatte, als Lieke und Tessa dort gemeinsam für die ersten Klausuren paukten. Sie hatten sich auf irgendeiner Erstsemester-Veranstaltung getroffen und gleich gut verstanden – möglicherweise, weil sie sich beide mehr für chemische Formeln und mathematische Gleichungen als für die männlichen Kommilitonen interessierten. Damals hatte Lieke von einer großen wissenschaftlichen Karriere geträumt. Wirklich am Ziel war sie mit ihrer Halbtagsstelle an der Uni als Dozentin zwar nicht, aber immerhin. In ihrer Freizeit engagierte sie sich im Umweltschutz, organisierte Protestaktionen gegen Fischfang mit Schleppnetzen und Lachsfarmen und dachte über Projekte nach, mit denen man Mangrovenwälder retten oder den Plastikmüll aus den Flüssen holen konnte. Eigentlich war es sogar sie gewesen, die Tessa auf die entscheidende Idee ihrer Forschungsarbeit gebracht hatte.

Noch so eine Entscheidung, die in ihr ambivalente Gefühle hervorruft. Als Wissenschaftlerin ist sie überzeugt, dass es richtig war, Lieke nicht einzubinden. Denn so ehrenhaft sie das Engagement der Freundin findet, so sehr erinnert sie sich noch daran, wie nachlässig sie oft gearbeitet hat. Als Mensch hingegen hat sie durchaus ein schlechtes Gewissen. Wenigstens ein bisschen kann sie das wiedergutmachen: Sie würde Lieke die Forschungsarbeit einfach widmen, sie ist sich ziemlich sicher, dass der Freundin so eine Geste gut gefallen würde. Und sie sollte es ihr sagen.

»Sollen wir über die Arbeit reden?«, schlug sie deshalb vor.

»Ich spreche von Ablenkung und dir fällt als Erstes die

Arbeit ein«, kommentierte Lieke und verzog ihr Gesicht. Sie wollte eindeutig lieber nicht über Tessas Arbeit sprechen, jedenfalls nicht über die bei *Deep Sea Treasures*. Was hatten sie diskutiert, nein, gestritten, als Tessa ein gutes Jahr zuvor den Job angenommen hatte. »Rohstoffabbau in der Tiefsee – das ist doch kompletter Wahnsinn«, hatte Lieke gesagt. Was Tessa nur zum Teil angezweifelt hatte. Aber: »Auf die Energiewende zu verzichten, weil wir nicht genug Rohstoffe haben, wäre aber doch der viel größere Wahnsinn, oder nicht?«

»Dann muss die Energiewende eben anders organisiert werden«, hatte Lieke beharrt, und dann hatte sie irgendwann in den Raum geworfen, dass man eben in großem Rahmen Elektroschrott recyceln müsse.

Deshalb sagte Tessa nun: »Keine Sorge, ich will nicht über *Deep Sea Treasures* sprechen. Du hattest recht: Es gibt eine Alternative.«

Lieke zog abwartend die linke Augenbraue hoch.

»Bakteriophagen und Elektroschrott«, sagte Tessa.

Lieke stand auf, nahm eine Flasche Rotwein aus dem Schrank, natürlich aus biologischem Anbau, und entkorkte sie. »Jetzt kommen wir ins Geschäft.«

Dann hatten sie geredet.

Lieke war überrascht, dass Tessa in den letzten Monaten schon allein geforscht und mehr oder weniger zufällig auf eine bahnbrechende Lösung gestoßen war. »Ich dachte eigentlich, wir machen das zusammen.«

»Ach Lieke, du weißt doch, dass Teamarbeit nicht meine größte Stärke ist. Außerdem bist du doch sowieso immer so eingespannt mit deinen eigenen Umweltschutzprojekten.« Lieke sagte nichts, aber ihr Gesicht sprach Bände.

»Es tut mir leid, ich hätte dich früher involvieren sollen. Bist du jetzt sauer auf mich?«

Lieke wischte mit dem Finger ein paar Haare vom Tisch. Kurze schwarze Haare, wahrscheinlich die von ihrem Kater, der sich vor Besuchern immer unterm Bett versteckt. Als Lieke wieder hochschaute, lächelte sie. »Klar hätte ich gerne mitgemacht, aber in erster Linie geht es mir ja um die Sache.« Sie nahm ihr Glas und prostete Tessa zu. »Auf diesen großartigen Erfolg. Wann willst du die Arbeit veröffentlichen?«

Tessa trank, erleichtert. »Eigentlich hatte ich Montag geplant, aber in den letzten Tagen habe ich das Laptop nicht mal angerührt, von Korrekturlesen konnte keine Rede sein.«

»Wenn du Hugo zuvorkommen willst, hast du vermutlich nicht mehr viel Zeit, oder?«

»Ich setze mich am Wochenende dran. Wie du schon sagtest: Ein bisschen Ablenkung wird mir sicher guttun.«

»Am Wochenende habe ich versprochen, Bäume zu pflanzen, aber am Montag habe ich frei, da kann ich gerne mit drüberschauen, wenn du willst«, bot Lieke an.

»Vier Augen sehen mehr als zwei«, sagte Tessa. Sie war von der Großzügigkeit der Freundin gerührt. Ein bisschen Nachlässigkeit hin oder her – das nächste Forschungsprojekt würde sie doch mit ihr zusammen machen.

Der Wasserkocher pfeift und holt Tessa zurück in die Gegenwart, in der ihr Laptop jede Zusammenarbeit verweigert. Wenn sie an diesem Wochenende mit dem Korrekturlesen auch nur anfangen will, sollte sie sich dringend etwas einfallen lassen. Am Montag kommt Lieke, da wird sie sich noch einmal krankmelden. Und am Dienstag? Vielleicht hätte Hugo dann schon durch das Internet von ihrem Freizeit-Forschungsprojekt erfahren. Wieder meldet sich Tessas schlechtes Gewissen, dass sie ihren Chef hintergangen hat. Aber hinzu kommt noch ein anderes Gefühl: Angst. Denn wie wird er wohl reagieren? Mit einer fristlosen Kündigung, das hat sie einkalkuliert. Aber was ist, wenn er sie verklagt, sein Unternehmen vorsätzlich in den Ruin getrieben zu haben? Könnte sie dafür ins Gefängnis kommen oder eine horrende Geldstrafe zahlen müssen?

Die Wohnung beginnt, nach Melisse und anderen Kräutern zu riechen. Kaffee wäre doch besser gewesen, denkt Tessa. Sie wühlt in der Krimskramsschublade, in die Luuk wahllos Stifte, Quittungen, alte Konzerttickets oder Speisekarten vom Thai Imbiss geworfen hat. »Warum hebst du all den Mist auf?«, hat sie ihn ungefähr einmal pro Monat gefragt, gestört hat sie dieser halbe Quadratmeter Unordnung aber ständig. »Man kann nie wissen«, hat Luuk gesagt.

»Du hattest recht«, gibt sie nun zu. Sie hat die Karte von ITech gefunden, die Computerwerkstatt ist nur zwei Metrostationen von ihrer Wohnung entfernt. Vor ein paar Monaten haben sie dort Luuks Apple nach einem Totalcrash wieder ans Laufen gebracht. *Super Laden!* hat Luuk auf die Rückseite der Karte gekritzelt.

Der Anblick seiner Handschrift ist viel zu viel. Nachdem Tessa trockenen Auges durch den frühen Morgen gekommen ist, überrollt sie nun eine Welle der Traurigkeit. Wenn Luuk bloß gesund zu ihr zurückkommt, so schwört sie zwischen zwei Schluchzern, wird sie sich nie wieder über Krimskramsschubladen beschweren, nie wieder Lockvögel engagieren, schon gar keine vorbestraften. Dieser Wessel de Boer verdächtigt Maddie, etwas mit Luuks Verschwinden zu tun zu haben. Das hat er zwar so direkt nicht gesagt, aber es war ziemlich deutlich, dass er es gedacht hat.

Tessa weint, bis der Tee kalt geworden ist. Dann ruft sie bei ITech an. Eine dunkle Frauenstimme sagt ihr, dass sie ihren Laptop gleich vorbeibringen soll.

Eine Viertelstunde später betritt sie den Laden. »Hi, was kann ich für dich tun?«, fragt eine füllige Goth Lady, die mit ihren schneeweißen Haaren, dem dunklen Lidstrich und dem schwarzen Spitzenkleid aussieht wie die Mutter aller Vampire. Kein Wunder, dass Luuk den Laden mag, er findet auch *Dracula* gut.

»Wir haben eben telefoniert«, sagt Tessa.

»Die kaputte Harddisk«, erinnert sich die Frau und nimmt Tessa das Laptop ab. »Hast du von deinen Dateien ein Back-up?«

Tessa nickt, sie ist ja nicht doof. Es gibt sogar ein doppeltes Back-up. Eines in der Cloud und eines auf einem USB-Stick, der in ihrer obersten Schreibtischschublade sein müsste.

»Das ist schon mal ein guter Anfang.« Belinda dreht das

Laptop auf den Kopf, schraubt die untere Platte ab und schüttelt den Kopf. »Deine Harddisk ist nicht kaputt. Deine Harddisk ist weg.«

12

Amsterdam hat mehr Kanäle als Venedig, mehr Brücken als Paris und mehr Ulmen als alle anderen Städte. Überhaupt, die Bäume: Rund 400 000 stehen an den Grachten und in den Straßen, in Hinterhöfen und Grünanlagen.

Es ist eine gute Stadt für Eichhörnchenhalter, denkt Jan van Dijk, während er mit Fru Gunilla durch ihren Lieblingspark, den Amsterdamse Bos, spaziert. Zur Kirschblütenzeit und im Sommer ist es schwierig, ein ruhiges Plätzchen zu finden. Aber an einem kühlen Freitag im Herbst erinnern nur das leise Verkehrsrauschen und das gelegentliche Dröhnen eines Flugzeugs daran, dass dieses 1000 Hektar große Idyll zur niederländischen Hauptstadt gehört.

Fru Gunilla flitzt die alten Eichen hoch und runter und sammelt auf der Wiese Walnüsse ein, die sie in Jans Jackentaschen stopft. Jan schaut den zotteligen Hochlandrindern beim Grasen und seinem Eichhörnchen beim Klettern zu. Gelegentlich bleibt er stehen, um die Nüsse aus den Taschen zu nehmen und in seinen Rucksack zu legen.

Vielleicht sollten Eichhörnchen und er in den Wald ziehen, denkt Jan, als er auf die Geitenboerderij Ridammerhoeve zusteuert, einem gemütlichen kleinen Ziegenbauernhof, wo er nach seinen Spaziergängen regelmäßig heiße Schokolade trinkt.

Diesmal wird er allerdings auf halbem Weg gestoppt. »Eichhörnchen-Mann«, kreischt ein etwa vierjähriges Mädchen mit süßen Zöpfen. Mit vorgebeugtem Oberkörper und grimmig entschlossener Miene rennt sie auf ihn zu, als wäre sie eine professionelle Rugby-Spielerin. Andere Kinder folgen ihr. Fru Gunilla, die sich, müde vom Turnen, zusammen mit zwei Walnüssen und drei Eicheln in Jans Jackentasche ausruht, erkennt die Gefahr. Sie saust nach oben, außer Reichweite von klebrigen Kinderhänden, und setzt sich auf Jans Kopf.

»Ich habe es zuerst gesehen, ich will es halten«, fordert das kleine Mädchen.

»Darf ich es füttern?«, fragt ein rothaariger Junge, während er mit dreckverschmierten Händen an Jans Hosenbein zieht.

»Süüüß«, rufen drei andere Mädchen.

Im Hintergrund nähert sich eine kleine Frau mit großer Brille, vermutlich die Lehrerin. »Jetzt seid doch mal ein bisschen leiser, sonst bekommt das süße Eichhörnchen noch Angst. Wenn ihr lieb fragt, dürft ihr es bestimmt auch mal streicheln.« Sie schaut Jan an. »Das geht doch, oder? Die Kinder würden sich so freuen.«

Fru Gunilla freut sich nicht. Sie krallt sich in Jans Haaren fest und schlägt ungehalten ihren Schwanz hin und her. Ob er einfach sagen soll, dass sie bissig ist?

Zehn Paar Kinderaugen starren Jan flehentlich an.

Dann erlöst ihn das Klingeln seines Telefons. *Arie* steht auf dem Display. »Tut mir leid, das ist mein Boss, da muss ich drangehen.«

Jan beschließt, die heiße Schokolade ausfallen zu lassen, und geht ans Telefon. »Hoi Arie«, sagt er. Zehn Meter von ihm entfernt bekommt das Mädchen einen Wutanfall.

»Stör ich?«, fragt Arie.

»Im Gegenteil, du hast Fru Gunilla und mich vor einer Horde kleiner Monster gerettet.« Jan sieht, dass er braune Flecken auf seiner Jeans hat. Vielleicht hatte der Junge Schokolade an den Fingern, oder Ziegendreck.

»Gut«, sagt Arie. Seine Tonlage sagt Jan, dass irgendetwas gar nicht gut ist.

»Was ist passiert?«

»Maddie sitzt in Untersuchungshaft. Luuk Ruis ist verschwunden, und die Polizei glaubt, dass sie damit etwas zu tun hat.«

Jan steuert auf sein Fahrrad zu. Fru Gunilla klettert zurück in die Jackentasche. »Hat Maddie dich angerufen?«

»Maddie hat Juanita angerufen, damit sie sich um Isa kümmert. Dann sind die beiden aufs Hausboot gekommen.«

»Oh«, sagt Jan. Und denkt: Juanita. Ob sie wohl immer noch auf der Lakshmi ist?

»Ich bin auf dem Weg.«

Als Jan eine halbe Stunde später die Kombüse betritt, schlägt ihm warme Luft entgegen. Das Heizöl ist also endlich da. Isa sitzt am Küchentisch, Janneke auf ihrem Schoß.

Sie sieht aus, als hätte sie geweint und große Angst. Jack schiebt ihr einen Block und eine Packung Buntstifte hin, aber Isa schüttelt den Kopf.

Arie steht im schmalen Gang zwischen Kühlschrank und Waschmaschine und telefoniert mit grimmiger Miene. »Das ist in der Tat nicht gut«, sagt er. »Trotzdem vielen Dank.«

Juanita muss wohl schon wieder nach Hause gegangen sein, stellt Jan fest. »Was ist nicht gut?«, fragt er Arie.

Arie lässt sich auf die Küchenbank fallen, zwischen seinen buschigen Augenbrauen gräbt sich eine Sorgenfalte in die Stirn. »Das war Madelief Lokkerbol.«

Jan erinnert sich, er hat die Rechtsmedizinerin, die früher mit Arie zusammengearbeitet hat, zwar noch nie getroffen, aber schon einiges von ihr gehört. Sie gilt als Koryphäe auf ihrem Gebiet, weiß ziemlich gut Bescheid darüber, was gerade auf der Polizeistation passiert und schert sich wenig um Regeln. Der Tatsache, dass Madelief Arie mag, Wessel de Boer aber nicht, verdankten sie schon in ihrem ersten großen Fall einige wichtige Insiderinformationen.

Hinter der Wand rauscht die Klospülung. Dann ist Juanita also doch noch da.

»Madelief, die Rechtsmedizinerin? Haben sie etwa Luuks Leiche gefunden?«, will Jack wissen.

Arie schüttelt den Kopf. »Keine Leiche.«

Juanita kommt aus dem Bad. »Keine Leiche ist gut, oder?«

Ihre Stimme, denkt Jan. So eine schöne Stimme. Und dann war da dieses Lächeln, das die Schwerkraft ein Stückchen aufheben kann. Als sie jetzt in seine Richtung schaut, lächelt sie aber nicht, sondern schaut ziemlich ernst aus. Es ist schon einige Monate her, dass sie sich flüchtig getroffen haben, vermutlich erinnert sie sich gar nicht mehr. »Hallo Juanita, ich bin Jan«, stellt er sich deshalb vor.

»Hallo Jan. Das habe ich nicht vergessen«, sagt Juanita, und Jan fühlt sich gleichzeitig froh und ein bisschen dumm.

»Können wir jetzt endlich Maddie abholen?«, fragt Isa.

»Ich fürchte, heute wird das nichts mehr«, sagt Arie. »Sie haben zwar nicht Luuks Leiche gefunden, aber doch sein Smartphone. Irgendjemand hat es aus der Amstel gefischt und bei der Polizei abgegeben.«

»Wie unwahrscheinlich ist das denn? Also erst einmal die Tatsache, dass irgendetwas, das in die Amstel fällt, wieder auftaucht. Und dann wird es auch noch von jemandem gefunden, der es gleich zur Polizei bringt«, protestiert Jack.

Arie zuckt mit den Schultern. »Bei der Polizei nennt man so was Ermittlerglück.«

»Bei Verbrechern wohl eher Berufsrisiko«, sagt Jack.

»Maddie hat nichts gemacht, das müssen wir denen einfach sagen.« Isa springt auf, als wolle sie gleich zur Polizeistation rennen.

Juanita legt ihr eine Hand auf den Arm und sie setzt sich wieder. »Dass Luuk Nasenbluten hatte, können auch die Leute im Park bestätigen. Das weiß die Polizei sicher schon.«

»Möchtest du Kakao trinken, Isa?«, fragt Arie.

Isa nickt, während ihr eine Träne über die Wange rollt. »Sie dürfen Maddie nicht einsperren.«

Arie steht schnell auf und nimmt fünf Tassen vom

Abtropfgestell. Alle wollen Kakao. »Können sie auch nicht, jedenfalls nicht für länger als ein paar Tage, wenn sie nicht bald etwas finden, das den Tatverdacht erhärtet.«

Isa guckt ihn verwirrt an.

»Welchen Tatverdacht eigentlich? Glauben die, dass Maddie Luuk umgebracht und dann seine Leiche irgendwo vergraben hat?«, fragt Jack.

»Zum Beispiel«, sagt Arie.

»Braucht Maddie einen Anwalt?«, fragt Jan.

»Hat sie schon angerufen. Denselben, der sie auch schon beim letzten Mal verteidigt hat«, weiß Juanita.

Arie stellt einen Topf mit Milch auf den Herd. »Nicht besonders gut, wenn ich mich richtig erinnere.«

»Aber warum sollte Maddie diesen Luuk töten? Erstens kannte sie ihn kaum und zweitens fand sie ihn ziemlich gut«, wirft Juanita ein.

Jan sieht, wie Jack bei Juanitas letzter Bemerkung zusammenzuckt. »Mich hat sie auch schon mal in den Kanal geworfen, als sie wütend war.«

»Du hattest es auch verdient«, sagt Isa.

Arie stellt die Kakaotassen auf den Tisch und beendet den Zank. »Wenn Maddie diesen Luuk umgebracht hätte, würde sie es uns sagen.«

Jan nimmt einen Schluck. Fast so gut wie die heiße Schokolade auf dem Ziegenbauernhof. »Kann sich Luuk nicht einfach abgesetzt haben? Wäre zwar nicht die feine Art, also ohne vorher mit Tessa zu reden. Aber immerhin hatte die gerade einen Lockvogel auf ihn angesetzt, um seine Treue zu testen.«

»Das wusste er wahrscheinlich gar nicht. Außerdem hat er wohl nichts mitgenommen, sogar seine Gitarre und auch sein Pass sind noch da«, berichtet Arie.

»Was wissen wir eigentlich über Tessa? Außer, dass sie Wissenschaftlerin ist?«, fällt Jan ein. »Das hätten wir schon viel früher mal recherchieren sollen. Wo arbeitet sie zum Beispiel?«

Eine Google-Suche später wissen sie immerhin, dass Tessa Teuling nicht nur in Physik und Chemie promoviert hat, sondern auch ein abgeschlossenes Studium als Ingenieurin vorweisen kann. Für wen sie gerade arbeitet, falls sie überhaupt arbeitet, bleibt dagegen ein Rätsel.

»Was ist, wenn Tessa Luuk selbst umgebracht hat? Wäre doch eine prima Möglichkeit, um die Polizei von sich selbst abzulenken: Sie engagiert Maddie als Lockvogel, tötet Luuk, schaltet eine Vermisstenanzeige und präsentiert Maddie als Verdächtige«, überlegt Jack. »Aber wie sollen wir das beweisen?«

»Maddie ist nur wegen der Hausboot-Detektei in diesen Schlammassel geraten. Jetzt ist es eure Aufgabe, sie aus dem Schlammassel wieder rauszuholen«, sagt Juanita.

»Da hast du recht«, sagt Arie. »Wir müssen Luuk finden. Tot oder lebendig.«

Die anderen nicken. Doch wie sie den verschwundenen Veranstalter finden sollen, das weiß noch niemand.

13

Die Zeit läuft. Und Hugo Beekhof versucht, Schritt zu halten. So fühlt es sich jedenfalls an, als er am Samstagvormittag durch Tessas Büro tigert. Von der Wand zum Fenster, vom Fenster zur Tür, von der Tür zum Gummibaum, vom Gummibaum zur Wand und dann wieder von vorne.

Draußen ist schon wieder einer dieser sonnigen Herbsttage, die die Stadt aussehen lassen, als hätte man sie mit Blattgold eingepinselt. Aber hier drinnen hängen die Jalousien auf Halbmast, die Räumlichkeiten von *Deep Sea Treasures* wirken verlassen und düster. Bis auf das Tick-Tick der Wanduhr, das gelegentliche Klicken von Tessas Maus und sein eigenes Schnaufen ist es ganz still.

Wann sagt dieser Dr. Daniel Frost endlich etwas?

Es dauert noch fünf Minuten, dann macht der Ingenieur den Mund auf: »Wenn Sie heute noch irgendeine sinnvolle Aussage von mir hören wollen, müssen Sie damit aufhören.«

»Womit aufhören?«

Dr. Daniel Frost lässt Zeige- und Mittelfinger in Kreisen über die Tischplatte laufen. »Damit. Wenn Sie hier die ganze Zeit rumrennen, kann ich mich nicht konzentrieren.«

»Alles klar, kein Problem«, sagt Hugo und bleibt auf der Stelle stehen. Der andere wendet sich wieder Tessas Computer zu und begutachtet die Pläne, die über *Deep Sea Treasures* und damit auch über Hugos Zukunft entscheiden werden.

»Dass Sie da jetzt rumstehen und mich anstarren, ist ebenso wenig hilfreich«, sagt er nach kurzer Zeit, ohne auch nur den Blick zu heben.

»Oh. Ich verstehe.« Hugo hört selbst, dass er beleidigt klingt. Sei es drum, dann wird er eben hinausgehen.

»Sie geben mir dann Bescheid, wenn Sie so weit sind?«

Dr. Frost grunzt, aber Hugo wertet es mal als Zustimmung, geht auf die Firmentoilette und überprüft im Spiegel den Sitz seiner Locken. Sie glänzen honigblond, kein einziges weißes Haar ist zu sehen. Aber an den Schläfen schimmert blasse Kopfhaut zwischen der Pracht. Er würde mit seinem Friseur sprechen müssen. Sicher gab es da irgendein Elixier, um den Haarwuchs anzuregen?

»Du siehst aus wie ein Barockengelchen«, hat seine Mutter früher manchmal zu ihm gesagt. Tatsächlich ist die Ähnlichkeit bis heute unverkennbar. Hugo Beekhof ist mit 1,70 Metern einen guten Kopf kleiner als die meisten anderen holländischen Männer. Richtig dick ist er nicht, aber man sieht ihm an, dass er gern isst. Er hat blaue Kulleraugen, ein kleines Doppelkinn und Pausbacken, die sich bei Aufregung rot färben. Seit gestern, genau genommen seit Tessa Teuling sich auch für den Montag noch krankgemeldet hat, sind sie fast so rot wie die Blätter des Ahornbaumes, der vor dem Bürogebäude steht.

Sie fühle sich leider doch noch nicht wieder fit genug, schrieb Tessa, versuche aber, am Dienstag oder Mittwoch wieder zurück zu sein.

Hugo spürte schon beim Lesen, wie sein Blutdruck in die Höhe schnellte. War Tessa nicht diejenige, die auch dann noch zur Arbeit kam, wenn sie vor Halsweh nicht sprechen konnte? Und es war ja offensichtlich nicht so, dass sie gerade mit gebrochenen Knochen im Krankenhaus lag. Konnte er leider alles nicht äußern. Deshalb wünschte er gute Besserung. Außerdem schrieb er, dass er auf sie zähle. »Wir sind auf den letzten Metern«, sagte Tessa schon seit Wochen. Und er hatte ihr glauben wollen.

Floris kommentierte die erneute Krankschreibung nicht, sondern zog nur die Augenbrauen hoch und machte leise schnalzende Geräusche mit der Zunge. Nach zehn Jahren Ehe wusste Hugo natürlich, was er damit meinte: »Habe ich es nicht gesagt.«

»Wenn ich besser auf dich hören soll, musst du mich vielleicht öfter züchtigen«, entgegnete Hugo auf den unausgesprochenen Vorwurf. Einen Versuch war es wert, obwohl es mit Floris nicht das Gleiche wäre wie mit der Mistress. Aber die war ja seit Wochen unerreichbar.

»Jetzt ist doch wirklich nicht die Zeit für kindische Witze«, fuhr Floris ihn an. »Sieh lieber zu, dass du einen Experten auftreibst, der sich Tessas Pläne für das Kollektorfahrzeug anschaut.«

Das tat Hugo. Dr. Daniel Frost, renommierter Ingenieur aus Berlin, erklärte sich für viel Geld bereit, am nächsten Morgen in den ersten Flieger zu steigen. Für noch ein bisschen mehr Geld verpflichtete er sich sogar schriftlich, dass er nichts ausplaudern würde.

Jetzt sitzt er im Nebenzimmer und schaut sich die Pläne für Indiana Jones an.

Hugo hält es vor Anspannung kaum aus. Floris hat recht, es ist seine Schuld, dass er jetzt in dieser Situation ist. Er hätte Tessa nicht blind vertrauen dürfen, er hätte mehr Investoren und vor allem mehr gute Ingenieure und Wissenschaftler beauftragen müssen.

Er muss bestraft werden, er weiß, dass er sich dann besser fühlen wird. Probeweise schiebt Hugo eine Hand unter sein T-Shirt, kneift sich in die Brustwarze und stellt sich vor, in der Folterkammer zu sein. Die Peitsche knallt auf seinen Rücken, er drückt sein Geschlecht gegen den Rand des Waschbeckens. »Du nutzloses Stück Dreck, ich werde dir erzählen, was für ein Versager du bist«, schreit die Mistress in seiner Phantasie.

»Alles in Ordnung mit Ihnen?«, fragt Dr. Daniel Frost in der kalten Wirklichkeit des Waschraumes. Hugo öffnet die Augen und sieht im Spiegel, dass der Physiker mit besorgter Miene schräg hinter ihm steht. Hugo lässt die Hand, mit der er bis gerade noch seinen Nippel malträtiert hat, hastig sinken und stellt den Wasserhahn an. »Nur eine kleine Kreislaufschwäche.« Für einen kurzen Moment spürt Hugo einen geradezu unsinnigen Stolz darüber, dass ihm in so einem Moment so ein schwieriges deutsches Wort einfällt.

Frost geht an das Urinal, holt seinen Schwanz aus der Hose und pinkelt. Das würde Hugo jetzt eigentlich auch gerne tun, geht aber natürlich nicht, solange er eine Latte hat.

Kurz darauf steht der Deutsche neben ihm und wäscht sich die Hände. »Ich bin fertig mit Lesen. Können Sie mir noch die Werkhalle zeigen?« Ganz neutral sagt er das. Nicht mitleidig, aber auch nicht mit einer Darf-ich-mir-das-Wunderwerk-mal-anschauen?-Euphorie.

Hugo verschiebt das Pinkeln auf später und bringt Dr. Frost dorthin, wo der Prototyp von Indiana Jones steht. Das Kollektorfahrzeug, das ihm viel Geld und der Menschheit wichtige Rohstoffe liefern soll.

»Nicht anstarren«, erinnert Dr. Daniel Frost ihn, während er selbst das Monstrum aus Stahl in Augenschein nimmt.

Hugo senkt den Blick und schaut auf seine Schuhspitzen. Italienisches Kalbsleder, handgenäht. Floris hat ihm die Schuhe einmal zum Hochzeitstag geschenkt, sie waren im Urlaub an der Adria und noch sehr verliebt. Damals war noch Floris der Hauptverdiener gewesen, und sie hatten in einer kleinen Mietwohnung ohne Balkon gelebt. Damals war er auch noch nicht zur Mistress gegangen.

»Wenn Sie mich fragen, säuft dieses Ding ab, bevor es den Meeresboden auch nur sieht«, fällt Dr. Frost sein Urteil.

»Das kann nicht sein«, protestiert Hugo.

Der Ingenieur wendet sich zum Gehen. »Sie können gerne noch eine weitere Expertenmeinung einholen.«

»So meinte ich es nicht«, sagt Hugo hastig. »Es ist nur so, dass Tessa, also meine Mitarbeiterin, sie hat mir versichert, dass die Maschine rechtzeitig fertig wird.«

»Da hat sich Ihre Mitarbeiterin wohl vertan oder schlichtweg Quatsch erzählt. Außer natürlich, sie hat irgendwo noch eine Datei mit anderen Plänen versteckt.«

»Warum sollte sie die denn verstecken?«, fragt Hugo mit einer dunklen Vorahnung und wachsender Verzweiflung.

»Ich bin Ingenieur, kein Psychologe.«

Hugo denkt daran, was Floris gesagt hat. Sein Mann glaubt, Tessa wolle die Pläne für das Kollektorfahrzeug an die Konkurrenz verkaufen. Hat sie wirklich noch andere Baupläne auf einem privaten Computer gespeichert? Ob er sie anrufen und zur Rede stellen soll? Hugo greift schon zum Telefon, entscheidet sich dann aber um. Tessa wird nicht mehr für ihn tun – entweder weil sie nicht kann oder weil sie es nicht will.

»Könnten Sie uns helfen?«

Dr. Frost denkt einen Moment nach. »Ab Januar hätte ich Zeit. Aber ich brauche ein gutes Team.«

Ab Januar, das ist doch verrückt. »Ich hatte gehofft, dass das Kollektorfahrzeug in zwei Wochen einsatzbereit ist. Dann finden nämlich in Lima die Verhandlungen für die Abbaulizenzen für das Peruanische Becken statt und die verantwortlichen Regierungsvertreter wollen sicher eine kleine Demonstration der Maschinen, bevor sie einem Unternehmen den Zuschlag geben.«

Dr. Daniel Frost lacht auf. »Das können Sie vergessen.« Dann zieht er seine Lederjacke an, nimmt seine Tasche und lässt Hugo allein.

Hugo geht pinkeln. Jetzt bleibt ihm also nur noch die Hoffnung, dass Tessa tatsächlich ein falsches Spiel spielt und zu Hause fertige Pläne für ein funktionierendes Kollektorfahrzeug hat, die sie vielleicht schon vor Wochen oder Monaten an die Konkurrenz verkauft hat. Wenn es so ist, muss er diese Pläne bekommen – egal wie. Er lehnt seine Stirn gegen die grauen Badezimmerkacheln und lässt den Tränen freien Lauf.

14

Die Zellentür wird aufgeschlossen. Maddie rappelt sich von der Pritsche auf.

Seit 24 Stunden ist sie gefangen.

24 Stunden, in denen sie einmal mit Juanita telefoniert, zweimal mit ihrem Anwalt gesprochen und 800 000 Mal an Isa gedacht hat. Juanita hat sofort versprochen, sich um Isa zu kümmern. Aber was soll aus ihrer kleinen Schwester werden, wenn sie länger hierbleiben muss? Wenn ihre Eltern herausfinden, dass Maddie in Untersuchungshaft sitzt – schuldig oder nicht –, würden sie alles daransetzen, Isa zurück nach Haarlem zu holen. Sie würden sie tagsüber in eine Behindertenwerkstatt schicken, ihr abends das Nähen verleiden und sie zwischendurch unerträglich oft zum Weinen bringen.

Die Tür öffnet sich, Wessel de Boer tritt ein.

»Sie können gehen.«

Maddies Füße fangen an zu kribbeln, so als ob sie auf der Stelle an diesem großen Mann mit mürrischer Miene vorbeisprinten wollten. Gleich, denn eine Sache will sie doch noch wissen: »Also ist Luuk inzwischen aufgetaucht?«

»Nein.« De Boer starrt sie an, als könne er so noch schnell ein Geständnis erzwingen.

»Schade«, sagt Maddie und starrt zurück, bis er blinzeln muss. »Dann gehe ich mal.«

Ihre Turnschuhe quietschen im Gang.

»Keine Sorge, ich werde noch herausfinden, was Sie mit ihm angestellt haben«, ruft de Boer ihr hinterher.

Draußen ist es hell, und noch nie hat die Amsterdamer Herbstluft so gut geschmeckt. Maddie atmet tief ein, dreht ihr Gesicht ins warme Licht und schließt die Augen.

Im nächsten Moment packt jemand sie von hinten, schlingt ihr die Arme um den Oberkörper und reißt sie fast zu Boden. Dann wird es nass in Maddies Gesicht: Tränen, Rotz und Küsse.

»Isa!«

»Maddie!« Isa schluchzt und lacht zur gleichen Zeit, so wie es nur Isa kann. »Du warst zu lange weg.«

Maddie gewinnt ihre Balance zurück. Sie wischt sich mit einer Hand die Wange ab, mit der anderen streichelt sie Isas Rücken. »Jetzt bin ich wieder da.«

Juanita ist auch da. Ihre langen schwarzen Locken glänzen in der Nachmittagssonne, sie trägt sie heute ausnahmsweise offen und sieht aus wie eine Südsee-Königin. »Dein Anwalt hat mich angerufen, da sind wir sofort los, um dich abzuholen.«

Isa wischt sich rasch die letzten Tränen mit dem Ärmel ihres Strickmantels ab. »Wir fahren mit dem Bus, weil das schneller geht. Und ich habe heute Morgen geputzt, damit es zu Hause extra schön für dich ist. Und ab morgen soll es regnen.«

Juanita lächelt Maddie an. »Ich hätte mir zum Abholen gerne den Volvo geliehen, aber den hat die Polizei noch nicht wieder rausgerückt. Ich habe schon damit gerechnet, dass sie eure Wohnung auf den Kopf stellen, aber Arie meinte, dass das ohne ausreichende Beweise nicht so einfach geht.«

»Arie, den muss ich gleich mal anrufen.«

Muss Maddie aber dann doch nicht, denn Arie und Hund warten vor ihrer Tür.

»Tut mir leid«, sagt Arie zur Begrüßung.

»Wieso dir?«, fragt Maddie, während sie die Wohnung betreten. »Du kannst doch nichts dafür, dass Luuk im Auto Nasenbluten hatte und spurlos verschwunden ist, oder?«

»Das nicht. Aber wahrscheinlich hätte die Polizei es für den Anfang bei einer bloßen Befragung belassen, wenn du nicht zur Hausboot-Detektei gehören würdest. Ich werde das Gefühl nicht los, dass Wessel uns nur zu gerne etwas anhängen würde. Auch wenn ich nicht genau verstehe, warum eigentlich.«

»Wessel ist ein Idiot. Ich habe keine Ahnung, wie …« Maddie beendet den Satz nicht. Wie Sanne dich für diesen schlechtgelaunten Typen verlassen konnte, hatte sie sagen wollen, aber sie will keine alten Wunden aufreißen.

»Das ist er, aber früher war er mal mein bester Freund«, sagt Arie, und alles in seinem Gesicht – die Augen, die Furchen um Mund und Nase, die Wangen, die ein bisschen hängen – sagt, dass die alten Wunden noch gar nicht zugegangen sind.

Wäre die Welt nicht so kompliziert und böte sie nicht so viel Raum für Missverständnisse, würde Maddie sich jetzt auf die Zehenspitzen stellen, diesen lädierten Seebären auf die Stirn küssen und ihm sagen, dass wenigstens die Detektive ihn so sehr mögen, dass es möglicherweise an Liebe grenzt.

»Arie, wenn du willst, darfst du Janneke halten«, sagt Isa und geht in ihr Zimmer, um den schmuddeligen Stoffhasen zu holen.

Maddie schaut zu Juanita, die gerade Weingläser aus dem Schrank nimmt. Sechs, zählt Maddie, da kommt wohl noch mehr Besuch.

Sekunden später poltert jemand die Treppe hinauf. »Jetzt wird gefeiert«, ruft Jack im Flur. Dann stellt er zwei Flaschen Cava und eine Flasche Apfelsaft auf den Wohnzimmertisch, dreht sich in einer fließenden Bewegung zu Maddie um, so als wäre das hier ein Musical und er der tanzende Hauptdarsteller. Und alles mit diesem frechen sexy Grinsen, das Maddie ein paar Zentimeter unterhalb des Bauchnabels trifft. »Gut, dass du wieder da bist.«

Maddie dreht den Kopf zur Seite, damit sein Begrüßungskuss auf ihrer Wange und nicht auf ihren Lippen landet. Auch wenn ihr Letzteres viel besser gefallen würde. Aber das ist eben auch kompliziert.

Sie setzen sich auf das Sofa, das nachts zu Maddies Bett wird. Hund legt sich daneben.

Jemand klopft, Maddie steht auf.

Jan hat einen duftenden Korb und Fru Gunilla mitgebracht. In seinem rotblonden Haar hängt ein Blatt.

»Wie geht es dir?«, fragt er.

»Super, danke«, antwortet Maddie automatisch, korrigiert sich dann aber. »Super, weil ich wieder hier bin. Beschissen, weil ich eine üble Nacht hinter mir habe.«

»Kann ich mir vorstellen.« Jan hebt den Korb. »Apfelkuchen. Ofenfrisch.«

»Warmer Apfelkuchen hilft auf jeden Fall«, sagt Maddie und meint es auch so.

Jan zieht Schuhe und Norwegerpulli aus, wirft ihn über einen freien Haken an der Garderobe und geht durch den Flur. In der offenen Tür zu Küche und Wohnzimmer bleibt er so abrupt stehen, dass Maddie in ihn hineinläuft.

»Ich wusste nicht, dass du auch hier bist«, sagt Jan. Maddie versteht nicht, wen und was er meint, bis Juanita leicht amüsiert zurückfragt, ob das denn ein Problem wäre.

»Natürlich. Also ich meine: natürlich nicht. Also doch, aber nicht deshalb, also es ist nicht so, wie du jetzt sicher denkst, es ist nämlich, weil …« Jan verhaspelt sich und bricht ab. Maddie nimmt ihm den Korb aus der Hand und stellt ihn auf den Boden neben das Sofa. Hund hebt seine Nase und schnüffelt.

»Hast du was zu essen mitgebracht, Jan?«, fragt Arie.

»Apfelkuchen«, sagt Jan, hörbar erleichtert über den Themenwechsel. Fru Gunilla verlässt seine Schulter, sprintet ein paarmal kreuz und quer durch den Raum, bis sie an Juanita hochklettert und es sich auf ihrem Kopf bequem macht.

Juanita will aber nicht über Backwaren sprechen. »Wie ist es denn?«

Maddie kann sehen, wie Jan das Blut in die Wangen schießt. Sie könnte darauf wetten, dass er schweißnasse Hände hat. Der kluge, nachdenkliche Jan, der ruhende Pol der Hausboot-Detektei, steht plötzlich in ihrer Wohnung wie ein Fünftklässler, der mit dem Ball eine Fensterscheibe zerdeppert hat und nun nicht weiß, wie er sich herausreden soll. Schließlich versucht er es mit der Wahrheit: »Du bist so schön.«

Hinter Maddie fragt Jack Arie, ob Jan möglicherweise etwas geraucht hat. Arie antwortet nicht, aber Maddie kann fast fühlen, wie er grinsend den Kopf schüttelt. Mit Hasch hat das hier nichts zu tun, eher mit Hormonen.

Armer Jan. Er ist offenbar dabei, sich in die tollste Frau der Stadt zu verlieben. Was er sicher nicht ahnt: Die tollste Frau der Stadt meidet Liebesbeziehungen wie der Teufel das Weihwasser. Maddie weiß das natürlich, trotzdem ist sie überrascht, als Juanita auf Jans Kompliment eine Grimasse zieht und den Kopf schüttelt. Fru Gunilla hüpft von ihrem Kopf und turnt am Bücherregal empor. Aus Juanitas Haar fällt etwas auf die zerkratzten Holzdielen. Maddie schaut auf die etwa drei Zentimeter lange graubraune Wurst.

»Oh mein Gott«, ruft Jan aus, zieht ein Taschentuch aus der Hosentasche und murmelt noch etwas, das wie »eigentlich fast stubenrein« klingt.

Isa steht vom Sofa auf und klatscht begeistert in die Hände. »Fru Gunilla hat Juanita auf den Kopf gekackt.« Maddie fängt an zu kichern.

»Und gepinkelt«, stellt Juanita fest, dann prustet auch sie los.

Juanita geht in ihre eigene Wohnung, um zu duschen. Die anderen warten.

Weil das Sofa zu klein für alle ist, hat Maddie es sich mit einem Kissen auf dem Boden bequem gemacht. Neben ihr sitzt Jack, ihre Knie berühren sich. Maddie rutscht zwei Zentimeter nach links, näher zum sabbernden Neufundländer. Reicht ja, wenn einer im Raum Herzklopfen hat.

Sie schaut zu Jan hinüber, der ebenfalls auf dem Boden sitzt und immer noch gerötete Wangen hat.

»Um Frauen anzubaggern, ist ein Hund vermutlich geeigneter als ein Eichhörnchen«, sagt Jack.

Jack immer mit seinen blöden Sprüchen.

»Hunde helfen da auch nicht immer«, sagt Arie.

Jan sagt nichts, macht aber ein Geräusch, als hätte er sich gerade den Magen verdorben. Möglicherweise hilft es ihm, wenn sie über etwas ganz anderes sprechen. Zum Beispiel über etwas, über das sie gar nicht erst nachdenken will, es aber vermutlich sollte. Maddie blickt in die Runde: »Hat irgendjemand eine Ahnung, was mit diesem Luuk passiert ist?«

15

Einen Menschen umbringen zu lassen, ist erstaunlich günstig. »800 Dollar für einen Kopfschuss«, sagt George.

Hillary Walker würde jetzt die Stirn in Falten legen, aber das geht nach der letzten Botox-Behandlung gerade nicht. »Ist das mit Treffergarantie?«

»Im Zweifel wird er ein paarmal mehr abdrücken.«

Hillary ist nicht überzeugt. »800 Dollar erscheint mir doch wenig.«

»Für einen einheimischen jungen Mann wären 800 Dollar gut verdientes Geld.«

»Ich suche keinen jungen Arbeitslosen, ich suche einen Auftragskiller, George. Ich will mich auf ihn verlassen können, immerhin hängt von der Sache eine Menge ab.«

»Okay«, sagt George und zieht an seiner Zigarette. Er ist Hillarys Kindergartenfreund, ihr bester Mitarbeiter, ihr Mann für alle Fälle und der einzige Mensch auf der Welt, der in ihrer Gegenwart rauchen darf. Wenn auch nur hier draußen. Sie schlendern am Huntington Beach entlang, das Zentrum von L. A. ist eine knappe Autostunde entfernt. Manche Themen bespricht man besser nicht in der Firma, wo die Wände dünn sind und die Sekretärinnen oft große

Ohren haben. Außerdem ist Hillary immer dafür, das Angenehme mit dem Nützlichen zu verbinden.

»Ich kenne noch einen Mexikaner, der hält sich gerade in Bolivien oder Peru oder so auf. Er würde es für 50 000 Dollar plus Spesen machen. Dafür hättest du dann einen echten Profi mit militärischer Ausbildung, er ist verschwiegen, arbeitet systematisch und organisiert. Und er beherrscht die komplette Palette: Gift, Schießen, Sprengen, *you name it.*«

»Kein Gift«, sagt Hillary.

Sie kennt die gängigen Preise, irgendeine britische Universität hat da mal eine Studie gemacht. 50 000 Dollar ist gutes Mittelfeld, dafür bekommt man einen Profi, wenn man nicht gerade einen Schweizer engagiert oder einen gut geschützten Politiker oder Mafiaboss im Visier hat.

»Wie du wünschst.«

»Was ist, wenn er geschnappt wird?«

»Sehr unwahrscheinlich. Aber wenn, dann haben wir nicht nur einen toten Wissenschaftler, sondern auch noch ein paar tote Polizisten.«

»Hauptsache, er redet nicht.«

»Ich frage ihn, ob er Zeit hat.«

Sie weichen ein paar Beachvolleyball-Spielern aus, George knöpft sein weißes Leinenhemd auf und entblößt seine enthaarte braun gebrannte Brust. Nur die lange Narbe an der linken Schulter schimmert weiß.

»Wie läuft es mit Antonio?«

»Bestens, danke. Ich habe mich schon lange nicht mehr so jung gefühlt.«

»Und ich dachte immer, das sei der Verdienst von Dr. Adams.«

»Wie böse du heute bist«, sagt Hillary in gespielter Empörung. Sie weiß, dass George weder ihren Lover noch ihre Schönheitschirurgin besonders mag. »Man könnte fast auf die Idee kommen, dass du eifersüchtig bist.«

»Ach, Chérie«, seufzt George, drückt seine Zigarette im Sand aus, packt die Kippe in eine kleine Metalldose und steckt sie in die Hosentasche. »Ich hoffe nur, dass du deinem Antonio nicht zu sehr vertraust.«

»Glaubst du, er betrügt mich? Ich glaube nicht, dass er so viel Kondition hat, wenn du weißt, was ich meine.« Hillary versucht ein mädchenhaftes Kichern, hört aber selbst, dass es gekünstelt klingt.

»So genau möchte ich das gar nicht wissen«, sagt George. »Was ich sagen will: Je weniger davon wissen, dass du Leute umbringen lässt, desto besser.«

»Wenn du das so sagst, klingt es, als wäre ich ein Monster«, sagt Hillary, nun ehrlich angefasst.

»Eine phantastische Geschäftsfrau, die bereit ist, mutige Entscheidungen zu treffen.«

»Das hört sich schon besser an.«

»Aber falls dein Antonio irgendwann mal redet, hast nicht nur du ein echtes Problem. Mich würden sie dafür auch einbuchten. Und erpressbar wären wir natürlich auch.«

»Ich bin ja nicht blöd, ich würde Antonio nie erzählen, dass ich einen Auftragskiller engagieren will. Schon weil er so sensibel ist«, lügt Hillary mit latent schlechtem Gewissen.

»Sensibel also«, sagt George. Sie gehen weg vom Meer, Richtung Parkplatz.

»Mach dir keine Sorgen, es wird schon alles gut laufen. Wir schaffen Tom Jonker und seine Unterlagen aus dem Weg, bekommen die Abbaulizenzen, holen eine fette Ernte aus dem Wasser und können in Geld baden.«

»Was ist, wenn etwas schiefgeht?«

»Dann ist *Blue Mining* bankrott. Aber glaub mir: Das wird nicht passieren.«

George schüttelt den Kopf. »Manchmal frage ich mich, ob du einfach nur sehr optimistisch oder ein bisschen größenwahnsinnig bist.«

»Beides natürlich. Aber in diesem Fall sprechen wir über Fakten«, sagt Hillary leichthin, obwohl ihr nicht ganz wohl zumute ist. Bislang hat sie für den Fall der Fälle nicht mal eine Exit-Strategie gemacht, ein Anfängerfehler, der ihr schon lange nicht mehr passiert ist. Sie wird sich später darüber Gedanken machen. Jetzt fährt sie erst einmal nach Hause, duscht kalt und lässt sich von Antonio ein bisschen ablenken.

Antonio ist aber nicht da. Francisca, Hillarys junge mexikanische Haushaltshilfe, auch nicht. Hillary ärgert sich kurz, dann fällt ihr ein, dass Francisca heute auf dem Markt einkaufen wollte, und Antonio trotz der hohen Temperaturen einen langen Trainingslauf geplant hat. »Ich würde auch durch die Hölle rennen, um für dich in Form zu bleiben, Prinzessin.«

Hillary lächelt, als sie daran denkt, wie charmant er immer ist, dann füllt sie selbst gecrushtes Eis in ein Glas und schüttet es mit Orangensaft auf. Sie knöpft ihr Kleid auf, lässt es auf den Küchenboden gleiten und schlendert in

Unterwäsche, mit dem Glas in der einen und ihrem Smartphone in der anderen Hand, zum Pool. Sie könnte eine Runde schwimmen, setzt sich dann aber doch erst in den Schatten und scrollt durch die Nachrichten. Es gibt nicht viel Neues, die Welt ist in einem üblen Zustand. Da recherchiert sie lieber, wie sie am schnellsten und sichersten ein wenig Geld außer Landes schaffen kann – also für den unwahrscheinlichen Fall, dass *Blue Mining* den Bach runter geht. Sie telefoniert mit ihrem Anwalt, tätigt ein paar Überweisungen. Dann lehnt sie sich auf ihrem Liegestuhl zurück und schließt die Augen, bis ihr jemand über die Wange streicht.

»Bist du schon lange zurück? Ich hoffe, du hast dich nicht gelangweilt.«

Es ist Antonio, der verschwitzt neben ihr hockt. Er riecht wie ein wildes Tier.

Heiß, findet Hillary. »Ich habe mich schrecklich gelangweilt, aber du könntest es wiedergutmachen«, sagt sie, greift in sein feuchtes T-Shirt, zieht in zu sich hinunter und schiebt ihm ihre Zunge in den Mund.

»Nicht jetzt«, sagt Antonio, macht sich los und steht auf. »Ich brauche erst mal eine Dusche und eine kleine Pause.«

Im Haus hört sie lautes Klappern mit dem Geschirr, offenbar räumt Francisca die Spülmaschine aus. Hillary hat gar nicht mitgekommen, dass sie vom Einkaufen zurückgekommen ist. Sie muss dem Mädchen demnächst einmal sagen, dass es vorsichtiger sein soll mit ihrem teuren Porzellan.

Sie wendet ihre Aufmerksamkeit wieder Antonio zu:

»Du meinst, so eine kleine 30-Kilometer-Runde schlägt dir auf die Potenz?«, fragt sie neckisch.

Antonio zieht das T-Shirt über den Kopf und lässt seine Shorts fallen. Vielleicht überlegt er es sich gerade anders.

Aber Antonio deutet auf seinen Penis, der schön, aber auch schlaff wie eine von Franciscas gegrillten Kochbananen zwischen seinen Beinen hängt. »Sieht ganz so aus«, sagt er, dreht sich von ihr weg und springt mit einem Salto ins Wasser.

16

Der Korken knallt. Die vier Detektive, Juanita und Isa stoßen mit Sekt und Apfelsaft auf Maddies Freilassung an.

Vielleicht hilft der Alkohol, hofft Jan und leert sein Glas in einem Zug. Als er es absetzt, bemerkt er, dass Juanita – frisch geduscht, mit einem Handtuchturban auf dem Kopf – ihn betrachtet. Er kann sich schon vorstellen, was sie denkt: Erst benimmt sich der Typ wie ein rüpelhafter Erstklässler und dann kippt er den Sekt weg, als wäre es Wasser. Und da haben sie noch nicht über Fru Gunillas Malheur gesprochen.

Vielleicht könnte er das Ruder noch rumreißen, wenn er jetzt etwas richtig Witziges sagen würde, aber ihm fällt einfach nichts ein. Außer, dass er bei seinem letzten Date, und das ist schon verdammt lange her, noch eine Frau war. Aber das sagt er lieber nicht, nicht jetzt auf jeden Fall. Lieber schneidet er den Kuchen an. Arie probiert den ersten Bissen und brummt anerkennend.

Dann reden sie über Luuk.

»Vielleicht ist ihm etwas auf den Kopf gefallen und er

hat vergessen, wer er ist und wo er wohnt«, sagt Isa mit vollem Mund.

»Sehr gute Theorie«, lobt Arie und Isa strahlt. »Wenn es so ist, taucht hoffentlich bald irgendwo ein etwas verwirrter Mann auf.«

Fru Gunilla rollt sich in Jans Hemdtasche zusammen, Hund beginnt zu schnarchen. Jack stellt seinen leeren Teller auf den Tisch, streckt sich und gähnt. »Vielleicht ist er von Aliens entführt worden. Uns kann das doch eigentlich egal sein, oder? Es ist schließlich nicht unser Fall.«

Das ist nicht sehr nett, findet Jan, aber auch er ist dafür, dass sie mit den Spekulationen aufhören. Er will hier weg, nach Hause. Und dort könnte er sich die nächste Woche lang in den Hintern dafür beißen, dass er die vermutlich tollste Frau der Welt trifft und kein vernünftiges Wort herausbekommt.

Aber daraus wird wohl erst einmal nichts. Denn Arie widerspricht vehement. »Solange die Polizei Maddie verdächtigt, ist es eben doch unser Fall.«

»Aber Maddie muss nicht noch mal ins Gefängnis, oder?«, ruft Isa erschrocken.

»Bestimmt nicht«, beruhigt Maddie sie. »Vor allem nicht, wenn wir herausfinden, was wirklich passiert ist.«

»Wie macht man das eigentlich?«, fragt Juanita.

Das würde ich auch gerne wissen, denkt Jan. Wie macht man das eigentlich, dieses Flirten? Jemandem sagen, dass man ihn mag, ohne sich zum Deppen zu machen?

Arie trinkt sein Glas rasch leer. »Hängt immer von den

Gegebenheiten ab. Man würde erst einmal Luuks Umfeld kontaktieren, alle, die etwas wissen könnten. Das haben Tessa und die Polizei vermutlich schon getan. Zugleich sucht man nach Zeugen. Vielleicht hat einer der Nachbarn oder ein Passant gesehen, was geschehen ist, nachdem Maddie Luuk vor seinem Haus abgesetzt hat.«

»Vermutlich kommt es bei der Polizei nicht gut an, wenn wir bei allen Nachbarn klingeln«, stellt Jack fest.

»Vermutlich nicht«, sagt Arie. »Aber wir können woanders ansetzen. Wer ist dieser Luuk eigentlich? Was wissen wir über ihn? Im Idealfall würden wir noch mal mit Tessa und auch mit seinen Eltern, Geschwistern und Freunden sprechen. Da das nicht geht, müssen wir bei der Recherche eben kreativ werden.«

»Wir wissen immerhin schon mal, dass er 36 Jahre alt ist, ziemlich gut aussieht und eine Verlobte hat, die ihm zutraut, fremdzugehen«, sagt Maddie. »Mittwochs ist er gerne im Vondelpark, manchmal spielt er Schach. Außerdem spielt er Gitarre. Er arbeitet als selbständiger Veranstalter, organisiert kleinere Musikevents, würde aber lieber in einem Haus am Meer Rosen züchten und surfen gehen.«

Jack schaut Maddie von der Seite an. »Findest du echt, dass der gut aussieht?«

»Du etwa nicht?«, fragt Maddie zurück.

Jack grummelt etwas. Arie kratzt sich am Kinn und schlägt vor, Luuks Agentur vielleicht noch einmal genauer unter die Lupe zu nehmen – so genau, wie das ohne Einblick in Steuerunterlagen und andere Dokumente eben gehe.

»Wie heißt Luuks Agentur denn?«, fragt Juanita.

»Best Events«, sagt Maddie.

Für eine Weile recherchieren alle auf ihren Handys, außer Isa, die ihre Stoffe neu sortiert, und Jan, der nur so tut, als ob.

»Im letzten Jahr hatten sie kaum Veranstaltungen. Ich frage mich, wie er davon leben konnte«, sagt Arie.

»Konnte er vielleicht gar nicht. Und ist deshalb untergetaucht, um irgendwo krumme Geschäfte zu machen.«

Sie rätseln noch ein wenig herum, kommen aber nicht weiter.

Juanita steht auf. »Von so viel Denken bekomme ich gleich wieder Hunger.«

Er kann etwas für sie kochen, denkt Jan, aber bevor ihm einfällt, was, sagt Isa: »Pizza«.

Juanita bindet ihre Haare im Nacken zu einem Knoten zusammen. »Pizza ist gut.«

Maddies Kochnische ist winzig, deshalb sitzen sie bald darauf im ganzen Wohnzimmer verteilt und schnippeln Paprika, Champignons, Tomaten und Zwiebeln. Jan steht herum. Er sollte auch etwas tun, kann aber nicht richtig damit aufhören, Juanita beim Teigkneten zuzuschauen. Juanita blickt auf, sie hat ein bisschen Mehl auf der Wange. »Magst du Käse reiben?«

Jan nickt.

»Zweite Schublade von oben«, sagt Juanita.

Als Jan die Käsereibe herausnimmt, fällt eine Visitenkarte auf den Boden. *Tom Jonker, Ingenieur, Pannekoekstraat, Rotterdam*, liest er, dann hält er die Karte hoch. »Ist die von dir, Maddie? Die lag bei der Käsereibe.«

Maddie nimmt Peperoni aus einem bauchigen Glas. »Tom Jonker, nie gehört.«

Isa schaut von ihrem Brettchen mit Champignons auf. »Die Karte habe ich beim Müllsortieren gefunden.«

»Warum hast du sie zur Käsereibe gelegt?«, erkundigt sich ihre Schwester.

»Irgendwohin musste sie ja.« Isa zuckt mit den Achseln. »Ich wusste nicht, ob sie zum Papier- oder zum Plastikmüll soll. Die hat so eine glänzende Schicht drauf.«

»Der Müll, der unsortiert im Flur herumstand, war der, den ich im Volvo eingesammelt habe«, denkt Maddie laut nach. »Kennt jemand von euch einen Tom Jonker?«

Alle verneinen.

Jack nimmt sein Smartphone vom Tisch.

»Wirf sie einfach weg, Jan«, beschließt Maddie, aber Jack hebt eine Hand. »Wartet mal, ich habe hier Tom Jonkers LinkedIn-Profil. Ich habe keine Ahnung, wo, aber ich habe das Gefühl, dass ich ihn schon mal gesehen habe.«

»Vielleicht, als du auch noch als Ingenieur gearbeitet hast?«, meint Arie.

»Ich glaube, so lange her ist es nicht.« Jack zeigt ihnen das Profilbild eines etwa 28-jährigen Mannes. Er hat ein schönes, leicht kantiges Gesicht, hohe Wangenknochen, volle, geschwungene Lippen, eine gerade Nase und verschmitzte braune Augen, sein schwarzes Haar ist nur wenige Millimeter lang. Am unteren Bildrand sieht man, dass er ein weißes Hemd und ein hellgraues Sakko trägt.

»Nie gesehen«, sagt Jan.

»Aber irgendwie kommt er mir auch bekannt vor«, sagt Arie.

Maddie starrt auf das Foto.

»Stellt ihn euch mal ein paar Jahre älter vor, ohne Anzug und mit Haaren, die dreißig Zentimeter länger sind.«

Arie nestelt seine Lesebrille aus der Tasche, er hat sie noch nicht so lange. Er setzt sie auf und nimmt das Telefon in die Hand.

»Krass«, sagt Jan, der als Erster versteht, worauf Maddie hinauswill.

»Tom Jonker ist Luuk Ruis«, stellt nun auch Arie fest. Er springt auf, so begeistert ist er. »Das ist eine sensationelle Entdeckung.«

»Vermutlich hat er die Karte im Auto verloren. Ich habe einmal ein bisschen fester gebremst, da ist ihm sein Rucksack umgekippt«, erzählt Maddie.

»Bei LinkedIn steht, dass er Ingenieur ist und in Harvard Chemie und Physik studiert hat. Sogar promoviert hat er. Aber nichts über Best Events«, sagt Jack.

»Steht auf der Visitenkarte eine Telefonnummer?«, fragt Maddie.

Arie schaut nach. »Nur eine E-Mail-Adresse.«

Jack sagt: »Über LinkedIn könnten wir ihn auch kontaktieren, aber was willst du sagen? Hallo Tom, wir wissen, dass du eigentlich Luuk bist. Ruf doch mal bitte deine Verlobte oder die Polizei an, damit die nicht länger glaubt, dass Maddie dich zerstückelt und dann im Park versteckt hat?«

Isa macht große Augen.

»Jack hat nur einen Witz gemacht«, sagt Maddie. »Der Typ hat einen neuen Namen angenommen, das macht man eigentlich nur, wenn man untertauchen will. Während ich mir in der Zelle die Nacht um die Ohren geschlagen habe, hat er vermutlich irgendwo auf sein neues Leben angestoßen. Damit ist unsere Theorie, dass Tessa ihn umgebracht hat, wohl auch vom Tisch.«

Jack zupft Blätter vom Basilikum. »Warum hätte er untertauchen wollen?«

»Vielleicht ist ihm die eifersüchtige Tessa auf die Nerven gegangen und er wollte sich vor dem Schlussmachen drücken«, spekuliert Maddie. »Obwohl ich noch nie gehört habe, dass sich deswegen jemand eine neue Identität zulegt. Telefonnummer wechseln reicht in der Regel ja auch.«

»Ist es eigentlich strafbar, unterzutauchen?«, erkundigt sich Juanita, während sie den Teig ausrollt.

»Es ist nicht nett, vor allem für die Angehörigen, aber nicht verboten«, weiß Arie. »Deshalb sucht die Polizei nur dann nach vermissten Erwachsenen, wenn der Verdacht besteht, dass sie in Gefahr oder in ein Verbrechen verwickelt sind.«

»Und mit gefälschten Papieren?«

»Da sieht die Sache anders aus. Noch wissen wir nicht, ob er einfach nur eine Visitenkarte und ein LinkedIn-Profil oder auch einen gefälschten Pass hat.«

»Wir könnten nach Rotterdam zu der angegebenen Adresse fahren und klingeln«, schlägt Jack vor.

Maddie tippt auf ihrem Telefon herum. »Die Adresse gibt es gar nicht. Also die Pannekoekstraat schon, Hausnummer 385 aber nicht.«

»So einen Aufwand betreibt man doch sowieso nicht, um nach Rotterdam zu ziehen. Eher um sich in die Südsee abzusetzen«, findet Juanita.

Arie nickt nachdenklich. »Da die Polizei ihn bislang nicht

gefunden hat, ist es nicht unwahrscheinlich, dass er tatsächlich außer Landes ist.«

»Ziemlich konkrete Pläne hatte er für seine Zukunft ja schon: eine Villa am Meer, einen Rosengarten und ein Surfbrett«, erinnert sich Maddie.

»Kostet alles mehr Geld, als er wohl mit seinen paar Veranstaltungen verdient hat«, wirft Jan ein. »Aber er könnte natürlich auch geerbt oder im Lotto gewonnen haben.«

»Oder er ist wirklich in kriminelle Machenschaften verwickelt«, sagt Arie.

»Geld braucht man für so eine Reise auf jeden Fall. Würde die Polizei nicht seine Kreditkartenabrechnungen überprüfen und ihn so ganz schnell finden?«, wendet Jack ein.

»Wenn er klug war, hat er im Vorfeld Geld auf ein Offshore-Konto transferiert. Das kann die Polizei unter Umständen zwar auch herausfinden, aber wenn er geschickt war, dauert das viel länger«, weiß Arie.

Maddie schaut Jan an und fragt, woher man eigentlich einen gefälschten Pass bekäme. Jan kennt sich da aus, er hat früher als Sachbearbeiter auf dem Amt selbst illegal niederländische Pässe ausgestellt – allerdings nur für Menschen, deren Leben von diesem Dokument abhing. »Du meinst, wenn man nicht zufällig an der Quelle sitzt?«, lacht er. Maddie nickt.

»Im Dark Net geht das. Der Preis hängt von der gewünschten Nationalität, aber natürlich auch von der Qualität der Fälschung ab.«

»Natürlich bleibt das Risiko, dass man auffliegt, zum Beispiel bei der Passkontrolle am Flughafen, aber wir wissen, dass es erstaunlich viele gibt, die durchkommen«, sagt Arie. »Das Vernünftigste wäre wohl, wenn wir die Visitenkarte einfach der Polizei übergeben.«

»Aber auch das Langweiligste«, sagt Maddie.

Jack grinst. »Was schlägst du denn vor?«

»Wir könnten noch ein paar Tage selbst ermitteln. Ich bin schon neugierig, was es mit dieser Geschichte auf sich hat. Außerdem würde ich zu gerne Wessel de Boers blödes Gesicht sehen, wenn wir aufs Revier spazieren und ihm die Lösung für diesen Fall präsentieren.«

Arie macht ein Gesicht, als würde ihm das auch gut gefallen. Trotzdem sagt er: »Möglicherweise ist es gar nicht so einfach, etwas Brauchbares herauszufinden.«

»Wenn wir nicht weiterkommen, können wir ja immer noch zur Polizei gehen«, sagt Jan.

»Hauptsache, es ist nicht gefährlich«, sagt Isa.

»Gefährliche Sachen machen wir gar nicht«, sagt Maddie. »Und jetzt ist es Zeit, die Pizza zu belegen.«

17

Arie bricht gleich nach dem Essen auf.

»Jetzt schon? Es ist nicht mal acht«, sagt Jack.

»Ich muss ins Bett.« Eine lahme Lüge, aber die anderen nicken. Maddie sieht selbst aus, als würden ihr gleich die Augen zufallen.

Hund dagegen ist so ausgeschlafen, wie ein leicht übergewichtiger, sehr gemütlicher Neufundländer eben sein kann. Er wedelt fröhlich mit dem Schwanz, als sie wenig später die Treppen hinunterlaufen und auf die Straße treten. Die Sonne ist gerade untergegangen, dicke Wolken verschlucken das letzte Dämmerlicht. Die Luft ist seit dem Mittag merklich abgekühlt, der Wind kommt von der See, er riecht nach Salz und winterkaltem Regen.

Hund hebt sein Bein an der nächsten Buche, und während Arie sein Smartphone zückt, muss er an einen Artikel denken, den er vor einigen Tagen gelesen hat: Der viele Hundeurin in der Stadt machte den Bäumen zunehmend zu schaffen, einige würden sogar absterben. Ob man einem Rüden beibringen kann, im Sitzen auf einer Wiese zu pinkeln?

Aber dann läuft Hund los, die Nase zehn Zentimeter über dem Boden, und zieht Arie mit sich. Hund liebt Abendspaziergänge, vor allem, wenn es so schön kühl ist.

»Ist dir noch immer kalt?«, fragt Roddelroosje Sekunden später statt einer Begrüßung ins Telefon. »Das Heizöl muss für alle reichen, weißt du.«

»Es geht um etwas anderes.«

»Willst du ein Date?«, lacht sie, und Arie sieht förmlich, wie sie dabei mit koketter Geste ihre zurzeit himbeerrot gefärbten Haare in den Nacken wirft.

»IT-Hilfe bei einer Ermittlung«, sagt Arie.

Am leisen Zischen hört er, wie Roos eine Flasche Bier öffnet. »Komm vorbei«, sagt sie schließlich. »Aber lass Hund auf dem Boot. Meine Katzen können so große Köter nicht leiden.«

Hund guckt ein bisschen enttäuscht, als sie bereits zwanzig Minuten später zu Hause auf dem Boot sind. Noch enttäuschter guckt er, als Arie, nachdem er Futter- und Wassernapf gefüllt hat, zurück zur Tür geht. Allein.

Ohne sein Futter anzurühren, sinkt Hund mit dramatischem Ächzen zu Boden, legt den großen Kopf zwischen die Pfoten und schaut Arie an, als wolle er sagen »Wenn du jetzt gehst, muss ich möglicherweise vor Traurigkeit sterben.«

»Tut mir leid, Kumpel«, sagt Arie und fügt nach einem letzten Blick in die feuchten braunen Hundeaugen hinzu, dass es sicher nicht so lange dauert. Die zweite Lüge an diesem Abend.

Roddelroosje wohnt nicht auf der Cordelia, weil das Heizöl-Boot nicht besonders gemütlich ist und ihr außerdem gar nicht gehört, sondern in einem Apartment in Bijlmer, mit der Metrolinie 53 knapp 20 Minuten vom Zentrum entfernt. Arie erinnert sich noch gut an die Zeit, als er nur mit Dienstwaffe in diesen Teil im Südosten der Hauptstadt gefahren wäre. Bis heute klebt an Bijlmer der einstige Ruf, das erste Ghetto des Landes zu sein, ein Moloch, der von der Gesellschaft Verstoßene, Drogendealer und andere Kriminelle anlockt. Aber es hat sich viel getan. Die Stadt hat viele der tristen Plattenbauten und Hochhäuser abgerissen und neu gebaut, Arbeitsplätze und Infrastruktur geschaffen. Jetzt leben hier rund 50 000 Menschen aus 150 Nationen mehr oder weniger friedlich zusammen. Noch ein paar Jahre, dann ist Bijlmer hip und unbezahlbar.

Das graue Mehrfamilienhaus, vor dem Arie nach einem kurzen Fußmarsch von der Metrostation steht, wirkt allerdings, als wäre es bei allen Modernisierungskampagnen vergessen worden. Die Farbe blättert von der Fassade, eines der Regenrohre ist auf Hüfthöhe abgebrochen und im Hausflur riecht es wie damals bei Aries Oma: nach einer Mischung aus Lavendelkissen und Boerenkool Stamppot, dem landestypischen Eintopfgericht mit gestampften Kartoffeln und Kohl.

»Wenn ich Profi-Hackerin bin, zieh ich in eine Villa auf dem Deich«, sagt Roos, als sie die Tür aufmacht. Sie trägt einen flauschigen Bademantel, um ihren Nacken schmiegt sich eine schwarz-weiße Katze wie ein Schal.

»Läuft es gut mit dem Hacken?«, fragt Arie.

Roos schüttelt den Kopf. »All die jungen Leute, die sind so schnell, weißt du? Da komme ich irgendwie nicht mit. Immerhin habe ich einen kleinen Job als Programmiererin bei einer neuen NGO. *Open Science* heißen die, auf deren Seite können Wissenschaftler aus aller Welt ihre Arbeiten hochladen und diskutieren. Bezahlen tun sie nichts, aber immerhin bekomme ich so ein wenig Übung. Auch wenn es mit Hacken nicht viel zu tun hat.«

»Da kann ich dir helfen«, sagt Arie.

Arie berichtet von Tessas Auftrag, von Luuks Verschwinden, Maddies Nacht im Gefängnis und davon, dass Luuk möglicherweise als Tom unterwegs ist.

Roos raucht eine Zigarette und ist ungewöhnlich still, während sie zuhört.

»Du glaubst also, dieser Typ hat sich ins Ausland abgesetzt?«

»Das ist zumindest eine Möglichkeit.«

»Und da habt ihr euch gedacht: Lassen wir Roos, die alte Hackerin, doch mal rausfinden, wie und wohin er gerade unterwegs ist?« Roos sieht ziemlich stolz aus, während sie das sagt.

»Die anderen wissen gar nicht, dass ich hier bin. Eigentlich wollten wir keine illegalen Sachen mehr machen. Du weißt schon, von wegen auf Bewährung und guter Ruf der Agentur und so. Man könnte das ja auch anders rausfinden, indem man alle Mietwagenagenturen und Fluggesellschaften abtelefoniert. Allerdings bräuchten wir dazu viel Zeit, mehr Leute, und bei der Polizei müsste ich auch noch sein.«

»Stimmt, mit dem Quatsch hast du ja zum Glück aufgehört.« So wie Roos das sagt, klingt es viel besser als: »Gefeuert mit Arschtritt, nachdem du deinem Kollegen eine Knarre an den Kopf gehalten hat.« Roos bietet Arie Bier und Zigarette an, er nimmt das Bier. »Du hast recht, es wäre eine gute Übung für mich, allzu große Hürden gibt es bei Fluggesellschaften und Mietwagenfirmen zum Glück nicht. Aber Ethical Hacking ist das eigentlich nicht.«

»Streng genommen nicht«, gibt Arie zu.

»Wobei es dazu beitragen könnte, einen Vermissten zu finden.«

Arie grinst. Er hat doch gewusst, dass er auf Roos zählen kann.

»Ich habe zwei Bedingungen: Du holst Pommes, Frikandel und Bier und machst die Katzenklos sauber, während ich beschäftigt bin.«

»Schon unterwegs«, sagt Arie und verlässt die Wohnung.

Als er eine halbe Stunde später wiederkommt, sitzt Roos im Wohnzimmer, das gleichzeitig als Büro fungiert. Sie trägt immer noch den Bademantel, auf dem Kopf hat sie jetzt aber eine umgedrehte Baseballkappe. »So sehe ich wenigstens aus wie eine echte Hackerin.«

Sie packt das Essen aus. »Willst du nichts?«

»Ich habe schon gegessen«, lehnt Arie ab.

»Womit fangen wir an?«

Arie denkt nach. Wenn er selbst ungesehen das Land verlassen wollte, würde er erst in eines der Nachbarländer radeln und dann dort in einen Langstreckenbus oder Zug steigen. Die meisten Leute, das hat er allerdings bei der Polizei gelernt, haben es ziemlich eilig, wenn sie wegwollen. Da wäre das Flugzeug das Verkehrsmittel erster Wahl. Andererseits sind die Kontrollen in Flughäfen strenger, die Gefahr, mit gefälschten Papieren aufzufliegen, ist am größten. Dieses Risiko geht man nur ein, wenn man entweder sehr unverfroren oder sehr verzweifelt ist. Er teilt Roos seine Überlegungen mit.

»Ich würde ja ein Auto nehmen«, sagt sie. »Am besten einen kleinen Bus, in dem man nachts auch pennen kann. Hat dieser Luuk einen Führerschein?«

»Ziemlich sicher, er hat als Veranstalter gearbeitet, da muss man doch ab und zu fahren. Aber wäre er mit dem Auto abgehauen, hätte er vermutlich mehr Sachen mitgenommen.«

Dann hat Roos eine andere Idee: »Wenn Luuk nicht dringend irgendwohin, sondern vor allem weg will, könnte er auch nach Rotterdam getrampt sein und auf einem der Containerschiffe angeheuert haben. Dann finden wir ihn nie, jedenfalls nicht mit mir als Hackerin.«

»Hoffen wir einfach darauf, dass Luuk schnell seekrank wird und den Zug genommen hat.«

»Züge sind einfach, jedenfalls solange die Leute in Europa unterwegs sind. Ich fange damit mal an.«

Arie setzt sich in einen Sessel, Roos tippt, manchmal murmelt sie leise etwas. Arie hört das Surren des Rechners und dann, wie der Regen erst leise, dann immer lauter gegen das Fenster prasselt.

»Arie? Arie!«

Wie durch Watte gedämpft hört Arie, wie jemand seinen Namen ruft. Er gähnt, streckt die Hand aus, um Hunds Kopf zu kraulen und stößt sich die Finger an einer harten Kante, einem Regal vielleicht. Kurz weiß er nicht, wo er ist. Was er sehr wohl weiß, ist, dass ihm alles weh tut. Vorsichtig streckt er ein Bein aus und öffnet die Augen. Ah, Roos. Der Fall.

»Du brauchst einen Kaffee«, stellt Roos fest.

Arie streckt nun auch das andere Bein aus und lässt den Kopf kreisen, was den Beton im Nacken aber auch nicht weich macht. Wie lange er wohl geschlafen hat? Er guckt auf sein Handy, aber der Akku ist leer. Ein Blick zum Fenster: Der Regen hat aufgehört, am Horizont schimmern erste weißsilberne Streifen.

»Halb sieben«, sagt Roos, als sie kurz darauf mit zwei dampfenden Tassen und einer Tafel Schokolade zurückkommt. Aries Gewissen meldet sich zu Wort, gleich mit zwei Beschwerden: Er hat Hund so lange allein gelassen und dann auch noch geschlafen, während sich Roos für ihn die Nacht um die Ohren geschlagen hat.

Er sucht noch nach einer guten Formulierung für eine Entschuldigung, als Roos sagt: »Wir haben ihn.«

Mit einem Schlag ist Arie hellwach und vergisst sogar kurz, dass er ziemlich schnell nach Hause sollte, damit Hund vor die Tür kann. Er springt auf, durchquert mit fünf großen Schritten den Raum und schaut auf Roos' Bildschirm. Die deutet mit einem Kugelschreiber auf: *Tom Jonker*.

»Ich habe mich in das System von KLM eingehackt und mir die Passagierlisten angeschaut. Der Kerl ist am Mittwochabend in eine Maschine nach Lima gestiegen. Zwölfeinhalb Stunden Direktflug.«

»Lima? Was will er bloß in Peru?«

Roos nimmt eine Packung Zigaretten und steht auf. »Ich brauche ein bisschen frische Luft. Kommst du mit?«

Kurz darauf stehen sie auf dem Balkon. Ein feuchter Schimmer liegt über der Stadt, die Straßen glänzen matt im Scheinwerferlicht der vorbeifahrenden Autos. Roos raucht, Arie trinkt den etwas zu süßen Kaffee, der schmeckt, als wäre auch ein Schuss Wodka darin.

Sollten sie der Polizei sagen, was sie gerade herausgefunden hatten? Immerhin wüssten die Behörden und Tessa dann, dass Luuk am Leben und Maddie unschuldig ist. Außerdem könnten sie so womöglich ein Verbrechen verhindern – wobei sie immer noch keine Ahnung haben, was Luuk vorhat. Andererseits müsste er erklären, wie sie an die Passagierlisten gekommen waren.

»Damit ist der Fall für euch wohl abgeschlossen, oder?«, erkundigt sich Roos.

»Möglicherweise. Vielleicht fängt er aber auch gerade erst an«, sagt Arie. »Ehrlich gesagt wüsste ich jetzt nämlich schon gerne, was das alles soll.«

»Willst du ihm hinterherfliegen?«

»Wenn es nur nicht so weit weg wäre.«

Im Osten geht die Sonne auf. Plötzlich hat Arie eine Idee. Stimmt schon, die Hausboot-Detektei ist ziemlich weit von Lima entfernt. Aber Elin, die fünfte Hausboot-Detektivin, die wohnt fast um die Ecke.

18

Es ist Nacht in Panama. Elin Blomgren sitzt auf der überdachten Veranda des kleinen Holzhauses, das sie seit einigen Monaten für einen Spottpreis mietet. Es liegt auf einem Hochplateau, nahe der 10 000-Einwohner-Gemeinde Volcán, umgeben von einem wilden Dschungel, der im Regen dampft und sie gleichzeitig beglückt und beunruhigt.

Im Moment beunruhigt sie allerdings vor allem das dumpfe Grollen, das sie, wie so oft in den vergangenen Wochen, aus dem Schlaf gerissen hat. Klingt so ein schlafender Vulkan, der gleich aufwacht und Feuer spuckt? Ein hungriger Jaguar? Oder ist es bloß eine weitere, mit Wasser gefüllte Gewitterwolke, die den Weg vor ihrer Haustür endgültig in einen Fluss verwandeln könnte?

»Keine Sorge, Señora«, hat ihr Vermieter sie letzte Woche noch beruhigt. »Im Notfall hole ich Sie mit dem Boot ab.«

Ein Blitz erhellt die Nacht, und für einen kurzen Moment sieht Elin die bucklige Aga-Kröte, die am Ende der Veranda im warmen Regen duscht. »Nicht ablecken«, hat ihr Vermieter eindringlich geraten. Zuerst hat Elin gedacht, er habe entweder einen etwas seltsamen Humor oder halte sie für nicht ganz zurechnungsfähig. Dann aber hat sie gelesen, dass es durchaus Menschen gibt, die genau das tun: Aga-Kröten ablecken, weil das Gift der Amphibien wie eine Droge wirken soll. Vorausgesetzt, es bringt einen nicht um.

Aber nein, Elin ist von Drogen im Allgemeinen und ganz besonders von solchen aus der Natur für alle Zeiten kuriert.

Von Liebschaften möglicherweise auch. Gleich nach ihrer Ankunft hatte sie ein kurzes Techtelmechtel mit einem Kanadier auf Durchreise. Eigentlich hatte sie sich vor allem ablenken wollen: von der letzten Beziehung, die so schrecklich schiefgegangen war, von ihrem nur halb freiwilligen Umzug nach Mittelamerika, vom ständigen Scheitern, das ihr Leben zu begleiten schien wie eine hartnäckige Schuppenflechte. Doch dann entwickelte sich alles sehr angenehm. Sie bekam einen neuen Buchvertrag. Der Kanadier massierte ihr die Füße und den G-Punkt, sie nahm gelegentlich seinen blassen, aber wohlgeformten Penis in den Mund. Beim Candle-Light-Dinner redeten sie über Bücher und wilde Tiere, er nannte sie *my big love* und sie wussten beide, dass das nicht ernst gemeint war.

Dann ging dem Kanadier der viele Regen auf die Nerven. Er zog weiter und Elin wartete auf die Niedergeschlagenheit. Doch der große Blues blieb aus. Stattdessen fühlte sie sich überraschend gut mit ihrem Alleinsein, so als wäre die Sehnsucht nach Zweisamkeit, nach dem unbekannten Mr. Right eine Krankheit gewesen, von der sie nun, mit 41 Jahren, endlich genesen war.

Nur ihre Freunde in Amsterdam, diese verrückten Detektive auf dem Hausboot, die vermisst sie manchmal. Genauso wie kühle Herbstluft, die Abenddämmerung, Salzheringe und die Inspiration für den nächsten Krimi. Der erste große Fall der Hausboot-Detektei erscheint in wenigen Wochen unter ihrem neuen Pseudonym Amy Achterop. Eine wahre Geschichte, so absurd, dass alle glauben werden, dass sie erfunden ist.

»Diese Hausboot-Detektive können doch nicht ewig Sommerpause haben«, hat Lasse, ihr Literaturagent aus Stockholm, gesagt. »Notfalls musst du dir eben etwas ausdenken. Denn wenn du nicht bald etwas lieferst, will der Verlag den Vorschuss zurück.«

»Sie haben zwei entlaufene Katzen gesucht und gefunden.«

Lasse seufzte. »Leichen, Elin, wir brauchen Leichen.«

Es donnert, dann geht das Regengetöse richtig los. Kein Wunder, dass sie ihr Smartphone, das neben ihr auf dem Liegestuhl liegt, nicht hört, wohl aber spürt, als es plötzlich losvibriert. Elin sieht die Nummer auf dem Display, lächelt, steht auf, geht hinein und schiebt die Verandatür hinter sich zu.

»Hallo!«

»Ha…«, setzt Arie an, dann stockt er, und Elin kann vor ihrem inneren Auge sehen, wie er sich vor die Stirn schlägt. »Die Zeitverschiebung! Mist, das tut mir leid. Schlaf weiter, ich rufe in ein paar Stunden noch mal an.«

»Alles gut, Arie. Es ist zwar drei Uhr nachts, aber ich war sowieso wach.«

»Schreibrausch oder Schlafstörungen?«

»Gewitterwolkengrummeln, das sich anhört, als würde der Vulkan ausbrechen. Ich habe mich auf die Veranda gesetzt, einer Aga-Kröte beim Duschen zugeschaut und auf den Schreibrausch gewartet. Aber dafür brauche ich erst einen neuen Fall. Also streng genommen braucht dafür ihr erst einen neuen Fall.«

»Deshalb rufe ich an«, sagt Arie. Für einen Moment freut sich Elin, bis er ihr die schlechte Nachricht verkündet. »Gestorben ist aber bislang noch niemand.«

Elin seufzt. »Leichen, Arie, ich brauche Leichen.«

Arie erzählt.

»Das habt ihr euch doch ausgedacht«, lacht Elin, als er fertig ist. »Ich kann mir schon vorstellen, wie das ablief: Was macht eigentlich Elin? Ist ihr nicht furchtbar langweilig, so ganz allein in Panama? Ach, schicken wir sie doch mal auf eine lustige Reise nach Peru. Da wollte sie doch sowieso immer schon mal hin.«

»Wolltest du?«

»Schon. Peru – klingt das für dich nicht nach wilden Anden, Alpakas und Abenteuer?«

»Wenn ich ehrlich bin eher nach langem Flug, Höhenkrankheit und Erdbeben.«

»Oh. Dann war diese Geschichte also nicht frei erfunden?«

»Das ist dein Metier.« Arie gähnt. »Obwohl es schon ein verrückter Zufall ist: Der Typ, wegen dessen Verschwinden Maddie verdächtigt wird, ist unter falschem Namen auf dem Weg nach Peru, während eine unserer Detektivinnen gerade in Panama weilt.«

Arie zählt sie also nach wie vor zum Team. Elin wird kurz ganz warm ums Herz. Sie fährt ihren Laptop hoch. »Der erste internationale Fall der Hausboot-Detektei.«

Eine kurze Suche im Internet später weiß sie, dass die Regensaison in Peru erst in einem Monat richtig losgeht. Sie müsste mit dem Bus nach David fahren, dann einen Flieger nach Panama-City nehmen. Von dort könnte sie auf direktem Weg und in dreieinhalb Stunden nach Lima.

»Hast du Geld?«, fragt Arie, und zwischen den Worten schwingt ein »Ich nämlich leider nicht« und »Vielleicht können wir es dir später zurückzahlen« mit. Aber das will Elin gar nicht. Immerhin hat die Detektei ihr das Flugticket nach Panama spendiert, genau genommen hat Arie also noch was gut bei ihr.

»Ich habe gerade den Vorschuss fürs zweite Buch bekommen.«

»Das, für das dir noch die Leiche fehlt?«

»Genau. Falls dieser Fall Geschichtenqualität bekommt, kann ich den Flug hinterher sogar von der Steuer absetzen.« Von der Steuer absetzen, findet Elin, klingt nach großem Erfolg. Sie kann sich nicht daran erinnern, dass sie mit einem ihrer Bücher schon einmal genug verdient hat, um überhaupt Steuern zahlen zu müssen.

Sie klickt auf *Buchen*.

»Wie erkenne ich diesen Luuk denn?«

»Ich schicke dir gleich ein Foto, leider haben wir nur eins, auf dem er viel jünger ist. Stell ihn dir einfach zehn Jahre älter und mit langen Haaren vor. Möglicherweise hat er auch eine geschwollene Nase. Und denk dran: Er ist als

Tom unterwegs, du kennst seinen richtigen Namen offiziell nicht.«

»Aber Chef, ich bin doch keine Anfängerin«, lacht Elin und sagt sich in Gedanken dreimal »Tom, nicht Luuk« vor. »Ich warte auf das Foto. Und natürlich auf die Adresse seiner Herberge.«

Arie räuspert sich. »Möglicherweise gibt es da noch ein kleines Problem.«

»Ihr wisst nicht, wo er abgestiegen ist?«

Arie schweigt.

Elin lacht auf. »In Lima leben fast zehn Millionen Einwohner, ich will gar nicht wissen, wie viele Hotels und Herbergen es dort gibt. Abgesehen davon ist gar nicht gesagt, dass er noch in Lima ist. Er könnte auch gleich weitergereist sein.«

Arie hustet verlegen. Elin überlegt, ob sie mit dem Flugbuchen nicht doch zu voreilig war. Das hier hört sich doch sehr nach einer aussichtslosen Mission an. Andererseits gefällt ihr die Aussicht auf einen kleinen Abstecher nach Peru. Und hatten sie nicht bei den letzten Ermittlungen auch eine große Portion Glück? »Mir wird schon etwas einfallen.«

»Danke, Elin. Ich schau mal, ob wir nicht noch etwas finden. Die größeren Hotels haben schließlich auch Buchungsregister.«

»Gerne, ich gehe jetzt packen. Grüß alle recht schön von mir.«

»Werde ich tun. Ach, und Elin?«

»Ja?«

»Sei vorsichtig. Wir wissen nicht, ob dieser Luuk gefährlich ist.«

19

Es ist zehn Uhr morgens in Amsterdam. Jack ist noch ein bisschen müde und ungewöhnlich schlecht gelaunt, nachdem ihm seine Mitbewohner am Vorabend nahegelegt haben, auszuziehen. Nicht, dass er das nicht selbst auch schon längst vorgehabt hätte, aber es ist halt immer doof, wenn man nicht geht, sondern rausgeworfen wird. Trotzdem: In letzter Zeit hat er auffällig oft schlechte Laune, mutiert zu einem Griesgram, der sich schon über Kleinscheiß wie eine WG-Zimmer-Kündigung aufregt, findet vieles schwer, was früher leicht war. Woran das liegt? So genau weiß er das auch nicht. Vielleicht daran, dass er immer noch hier ist, also hier in Amsterdam und hier auf dem Hausboot. Jetzt sitzt er sogar schon am Sonntag in der kleinen Kombüse, in der es heute ziemlich penetrant nach regennassem Hund riecht. Man könnte ein Fenster aufmachen, andererseits ist es schön, dass es hier endlich mal nicht eiskalt ist.

Zu einem spontanen Frühstück hat Arie Jack und die anderen Detektive eingeladen. Um mit ihnen die neuesten Ermittlungsergebnisse zu teilen. Hat er dann auch gemacht. In einer Nacht- und Nebelaktion hat der alte Gauner mal eben herausgefunden, dass Tom alias Luuk am Mittwoch einen Flieger nach Lima genommen hat. Das hätte Jack Arie gar nicht zugetraut. Klar, ermitteln kann er, wäre ja nicht für nichts fast zum Hoofdcommissaris befördert worden, bevor diese Sache passiert ist. Aber dass Arie bei seinen Recherchen wahrscheinlich mehr als ein Gesetz gebrochen hat, das findet Jack doch recht überraschend. Überraschend und witzig. Er deutet zum Whiteboard: »Die Hausboot-Detektive werden nicht wieder straffällig«, liest er vor. »Arie, wenn ich mich richtig erinnere, hast *du* unsere erste Hausregel da hingeschrieben.«

»Na ja«, sagt Arie und nimmt ein Croissant aus der Brötchentüte. »Mir ist nicht eingefallen, wie wir es anders hätten machen sollen.«

Jan steht auf, nimmt einen Stift aus der Küchenschublade und geht ans Whiteboard. Er malt einen zweiten Pfeil von der ersten Hausregel nach unten. Dann schreibt er: *7. Nur, wenn es unbedingt notwendig ist.*

»Danke, Jan«, sagt Arie.

»Gut, dass ich bei Isa schon einen Vorhang in Auftrag gegeben habe«, sagt Maddie. »Ist doch wirklich besser, wenn das niemand sieht.«

Arie beißt seinem Croissant die Spitze ab. Anschließend füllt er es mit Erdbeermarmelade. »Wo ist Isa heute überhaupt, Maddie? Ich dachte, du würdest sie mitbringen.«

»Das Café Anders hat angefragt, ob sie ausnahmsweise auch am Sonntag arbeiten kann. Ich hätte gedacht, dass sie zu müde ist, nach der ganzen Aufregung gestern. Aber sie freut sich, wenn sie ein bisschen Extrageld verdienen kann.«

»Apropos Aufregung gestern«, sagt Jack und denkt daran, wie merkwürdig sich Jan gegenüber Juanita benommen hat. Er grinst seinen Kollegen an.

Der hebt abwehrend die Hände. »Ich will nicht darüber reden, okay?«

Maddie eilt Jan zur Hilfe, indem sie das Thema wechselt. »Ausgerechnet Lima. Was will Luuk da bloß?«

»Vielleicht ist Lima nur Zwischenstopp oder aber er will dort krumme Geschäfte machen«, spekuliert Jan. Er blickt sich suchend nach Fru Gunilla um, bis er sie schließlich auf dem schlafenden Neufundländer entdeckt. Sie knabbert an einer Haselnuss, sanft geschaukelt vom Auf und Ab des weichen Hundebauches.

»Was für krumme Geschäfte macht man in Peru?«, wundert sich Jack.

Jan schmiert ein Brötchen. »Wenn ich mich richtig erinnere, ist Peru eines der weltweit größten Anbaugebiete für Kokablätter.«

»Ist es«, bestätigt Arie. »Die Regierung versucht aber seit einiger Zeit, das zu ändern. 2021 haben sie etliche Tonnen Kokain beschlagnahmt und verbrannt, und ich glaube, dass sie im vergangenen Jahr den Großteil der Drogenernte einfach aufgekauft haben.«

Jack zuckt mit den Schultern. »Na ja, der ein oder andere Sack wird schon noch übrig sein.«

»Luuk sah gar nicht aus wie ein Drogendealer«, zweifelt Maddie.

Jack schaut sie an und legt den Kopf ein wenig schief. »Du fandest auch nicht, dass er aussieht wie einer, der unter falschem Namen ans andere Ende der Welt fliegt und seine

Verlobte samt der Polizei glauben lässt, dass er irgendwo tot im Graben liegt, oder?«

Maddie seufzt leise. »Da hast du auch wieder recht. Aber was machen wir jetzt mit der Info? Gehen wir zur Polizei und geben ihnen die Visitenkarte und den Link zum LinkedIn-Profil? Das mit Peru können wir ihnen schlecht sagen, ohne zuzugeben, dass Arie auf Passagierlisten herumgeschnüffelt hat.«

Arie räuspert sich. »Also ich war eben noch nicht ganz fertig.«

Fünf Minuten später hat er fertig erzählt.

»Du hast diesem möglicherweise hochkriminellen Luuk also Elin hinterhergeschickt«, fasst Jan die Sache zusammen. »Elin, die weder eine polizeiliche Ausbildung noch Kampferfahrung hat.«

»Ist das nicht viel zu gefährlich?«, wendet auch Maddie ein.

»Meinst du, gefährlich für Elin oder gefährlich für diesen Luuk?«, lacht Jack. »Also, wenn ich da an unseren letzten Fall denke, bei dem Elin mitermittelt hat …«

Maddie guckt ihn böse an. Offensichtlich kein guter Zeitpunkt für Scherze.

Arie sieht ein bisschen zerknirscht aus. »Heute früh dachte ich noch, das sei eine großartige Idee. Immerhin spricht Elin als Einzige von uns Spanisch, lebt gerade einigermaßen in der Nähe und bringt genug Einfallsreichtum mit, um etwas herauszufinden.«

Jack muss schon wieder lachen. Es ist doch gut, dass er heute hergekommen ist. Dieser irre Haufen, der sich immer mehr wie eine Familie anfühlt, lässt ihn immerhin die doofe Sache mit dem WG-Zimmer kurz vergessen. »Ich frage mich gelegentlich, Arie, wie du das auf die Reihe bekommen hast?«

»Was? Elin anrufen? Das ist nicht so schwierig, also außer, dass man an die Zeitverschiebung denken sollte.«

»Ich meinte, wie du es geschafft hast, Polizist zu werden. Da sucht man doch sicher nach anderen Kriterien aus, wer an einen Fall gesetzt wird. Und hält man sich nicht brav an alle Regeln?«

Arie zuckt mit den Schultern. »Hat auf Dauer ja auch nicht so gut geklappt.«

»Können wir noch mal über Elin sprechen?«, unterbricht Maddie. »Ich mache mir wirklich Sorgen um sie, so ganz allein in Peru auf den Spuren eines möglichen Verbrechers.«

»Wir können …«, beginnt Arie, wird dann aber vom Klingeln seines Telefons unterbrochen.

»Met Arie Poepjes«, meldet er sich. Dann weiten sich seine Augen ein wenig.

»Guten Morgen, Tessa«, sagt er laut, schaut die anderen an, legt einen Zeigefinger an die Lippen und schaltet auf Lautsprecher.

»Es ist etwas Schreckliches passiert«, sagt Tessa Teuling. Sie weint. »Luuk.«

»Ist ihm etwas zugestoßen?«, fragt Arie, bekommt als Antwort aber nur ein noch lauteres Schluchzen. »Tessa, ist Luuk tot?«, fragt er irgendwann mit sanfter Stimme nach.

Das wäre Ironie des Schicksals, denkt Jack. Erst lässt Luuk alle glauben, dass ihm möglicherweise etwas zugestoßen ist, um sich nach Peru abzusetzen. Und dann passiert ihm genau dort wirklich etwas. Ein Autounfall vielleicht oder erschossen von Drogengangstern. Aber könnten die Behörden ihn dann so schnell identifizieren, wenn er mit falschen Papieren unterwegs ist?

Am anderen Ende der Leitung putzt sich Tessa geräuschvoll die Nase. »Schlimmer als tot«, sagt sie schließlich und klingt jetzt etwas beherrschter. »Ich würde gerne noch einmal eure Hilfe in Anspruch nehmen.«

Maddie schüttelt wild mit dem Kopf.

»Das letzte Mal, als du unsere Hilfe in Anspruch genommen hast, hat eine meiner Mitarbeiterinnen anschließend 24 Stunden in Untersuchungshaft verbracht«, sagt Arie.

»Ich weiß, aber das war ein Missverständnis. Ich dachte, Luuk sei etwas passiert, und ich musste ihn doch als vermisst melden, und bei der Polizei ...«

»Schon gut«, unterbricht Arie sie. »Worum geht es denn?«

»Am Telefon kann ich das nicht sagen.«

Arie zieht die Augenbrauen hoch.

»Können wir uns treffen?«

Arie schaut zum Whiteboard hinüber. »Wir kommen diesmal zu dir.«

»Das wäre großartig.« Tessa klingt ein klein wenig erleichtert. »Morgen früh so gegen acht?«

Maddie hält neun Finger nach oben.

»Um neun geht es«, sagt Arie und verabschiedet sich.

»Was ist denn schlimmer als tot?«, wundert sich Jan. Niemand weiß eine Antwort.

Maddie schaut auf die Uhr. »Ich muss Isa abholen.«
Arie gähnt. »Und ich muss eine Runde schlafen.«

Jack und Maddie radeln ein Stück gemeinsam gegen den Wind. Jack mag es, an Maddies Seite zu fahren. Er stellt sich vor, wie es wäre, wenn sie einfach immer so weiterfahren würden, erstmal Richtung Süden, sie und er, bei einer Reise um die Welt, natürlich mit Gepäck. Es gibt doch Leute, die so reisen, mit dem Rad, jahrein, jahraus. Oder mit einem alten umgebauten Bulli. Vielleicht ist es das, was er immer gesucht hat: ein richtiges Nomadenleben. Er schaut sie von der Seite an und lächelt. Sie lächelt zurück, ihre Haare flattern.

»Sollen wir noch einen Umweg über den Park fahren?«, schlägt er vor.

»Ich muss Isa abholen.«

Stimmt, Isa.

Vor der Kreuzung, an der sich ihre Wege trennen, fährt Maddie langsamer. »Jetzt schau nicht so bedröppelt. Weißt du noch, was das letzte Mal passiert ist, als wir einen Umweg gefahren sind?«

Klar erinnert er sich. Das war irgendwann im September gewesen. Also nachdem sie beschlossen hatten, diese erste unglücklich verlaufene Nacht zu vergessen und es als Paar zu versuchen. Das hatte etwa drei Tage lang funktioniert. Dann hatten sie entschieden, doch besser nur Freunde zu bleiben. An einem Abend waren sie gemeinsam einen Umweg gefahren, weil Isa noch länger arbeitete und er Maddie endlich mal seine schreckliche WG zeigen wollte. Niemand war zu Hause und sie beide ein bisschen einsam gewesen, und dann waren sie in seinem Bett gelandet. Dort immerhin harmonierten sie hervorragend.

Die Ampel springt auf Rot, sie halten an.

»Ich fand das schön«, sagt Jack jetzt.

Ich auch, sagt Maddies Blick.

»Warum …«, beginnt er, weiß dann aber nicht so recht, was er fragen soll. Warum radelst du nicht mit mir um die Welt? Warum können wir nicht wenigstens die Nächte miteinander verbringen, wenn es am Tag so schwierig ist? Warum muss alles so verdammt kompliziert sein?

Im Auto, das neben ihnen steht, wird die Musik lauter gedreht.

»I've been around seeing many places
But in my head they all just look the same
I remember people and their faces
But I can hardly remember any names.«

Es wird grün, das Auto rauscht davon. Jack bleibt stehen, in seinem Kopf singt Digger Barnes weiter:

»And I've tried to settle down, every now and then.
But I am a travelling man.
And I'll try it again
With the very best I can.
Though I'll always be a travelling man.«

Maddie lächelt ihn von der Seite an. Es ist ein melancholisches Lächeln. »Darum«, sagt sie und er glaubt zu verstehen, was sie meint: Weil er ein *travelling man* ist, sie aber keine *travelling woman*.

Hinter ihnen nähert sich wütendes Fahrradklingeln. Sie versperren den Radweg.

»Bis morgen«, sagt Maddie und fährt los.

20

Elin landet in Lima. Noch während das Flugzeug zum Gate rollt, schaltet sie ihr Smartphone wieder ein. Sie hofft auf eine Nachricht von Arie mit der Adresse, wo sie diesen Luuk finden kann. Aber alle Postfächer sind leer.

Sicher, beim Telefonat mit Arie hat sie noch selbstsicher behauptet, dass ihr schon etwas einfallen würde. Aber das war erstens leicht größenwahnsinnig gewesen und zweitens auch schon über zwölf Stunden, eine Busfahrt und zwei Flüge her. Jetzt ist sie müde, sie hat Kopfschmerzen und ihr Rücken erinnert sie bei jeder Bewegung daran, dass sie eben keine zwanzig mehr ist. Oder waren die Sitze im Flieger früher einfach bequemer? Egal, ihr größtes Problem ist im Moment ein anderes: Wie findet sie in einer Zehn-Millionen-Metropole einen unbekannten Mann, von dem sie nichts weiter als ein Foto und einen Namen hat? Noch dazu, wenn dieser Mann sehr wahrscheinlich gar nicht gefunden werden möchte.

Im Flughafen geht Elin aufs Klo, schnüffelt an ihrem T-Shirt, befindet, dass es noch okay ist, und spritzt sich kaltes Wasser ins Gesicht. »Willkommen in Lima«, ruft ihr eine Frau zu, die mit Blumen an einem der Ausgänge steht. Dann ist sie draußen. Es ist überraschend kühl, dreizehn oder fünfzehn Grad vielleicht, und über der Stadt liegt ein dichter grauer Dunst. Was für ein Nebel, denkt Elin, begreift aber einen Atemzug später, dass das hier kein Wetterphänomen, sondern Smog ist.

Aber der Mann, der plötzlich vor ihr steht, klein, ein bisschen dick, mit lustigen Segelohren, sanften braunen Augen und dem ganzen Gesicht voller Glücksfalten, der ist so schön, dass sie die hässlichen Abgase im Hintergrund doch fast wieder für eine Nebelkulisse halten könnte.

»Wohin kann ich Sie bringen, Señora?«, fragt er in gebrochenem Englisch und deutet auf ein kleines gelbes Auto, das in einer Reihe unzähliger anderer kleiner gelber Autos am Straßenrand parkt. Taxifahrer also.

Man müsse sich in Lima gut überlegen, mit wem man in ein Taxi steige, hat Elin auf der Busfahrt von Volcán nach David gelesen. Da gebe es einige schwarze Schafe. Und man solle den Preis unbedingt vor der Fahrt verhandeln. Was aber schwierig ist, wenn man nicht weiß, wohin man will.

»Wohin soll die Reise gehen?«, wiederholt der Taxifahrer, diesmal in seiner Muttersprache. Wie so oft in den letzten Monaten freut sich Elin darüber, dass sie damals in der Schule Spanisch gelernt hat. Aber wenn sie nun »Keine Ahnung« sagt, egal ob auf Englisch oder auf Spanisch, wird sie das auch nicht weiterbringen. Sie will dahin, wo Luuk ist.

Plötzlich zischt ein Geistesblitz durch Elins Gedankenwelt. Sie lächelt. Völlig verrückt ist diese Idee, nahezu aussichtslos obendrein. Aber: Unwahrscheinliche Situationen erfordern unwahrscheinliche Lösungsansätze, das hatte schon ihre Mutter immer gesagt.

Elin nimmt ihr Handy aus der Jacke und öffnet das Foto, das Arie ihr geschickt hat. »Ich suche Tom. Er ist am Donnerstagmorgen hier gelandet«.

Der Taxifahrer schaut erst das Foto, dann Elin prüfend an.

»Bruder?«, fragt er zögernd.

Sie schüttelt den Kopf, weil er ihr ja nun gar nicht ähnlich sieht.

Das Gesicht des Taxifahrers erhellt sich. »Ah, die Liebe!« Ein kurzer Blick zu ihren Händen. Kein Ehering, deshalb folgert er: »Verlobter?«

Elin nickt, und weil ihr das wie die einfachste Erklärung scheint, sagt sie: »Wir hatten Streit.« Ein bisschen geschmeichelt fühlt sie sich schon, dass der Taxifahrer offenbar nicht verwundert darüber ist, dass sie so einen gutaussehenden, auf dem Foto eindeutig viel jüngeren Verlobten hat. Sicherheitshalber fügt sie hinzu, dass das Foto schon ein bisschen älter ist.

Der Taxifahrer legt eine Hand auf sein Herz. »Und jetzt fliegen Sie ihm um die Welt hinterher, um sich zu versöhnen. Das ist sehr romantisch.«

Ein bisschen schlecht fühlt sie sich auch, dass sie diesen netten Mann anlügt.

»Mein Name ist Roberto.«

Elin schüttelt die Hand, die er ihr hinstreckt. Sie ist überraschend groß für einen so kleinen Mann. »Ich bin Elin.«

»Wissen Sie, in welchem Hotel Ihr Tom untergekommen ist?«

Elin schüttelt unglücklich den Kopf. Genau das ist das Problem.

»Großer Streit«, folgert Roberto und klopft ihr aufmunternd auf die Schulter. »Aber wahre Liebe zerbricht auch an einem großen Streit nicht.«

Na ja, denkt Elin.

»Hat Tom ein Taxi genommen?«

»Bestimmt«, sagt Elin. Sie kann nicht die Einzige sein, die lieber fünfzehn statt einem Dollar ausgibt, um schneller und wahrscheinlich auch sicherer durch den verrückten Stadtverkehr zu kommen.

»Es gibt etwa 200 000 Taxis in der Stadt.«

Elins Zuversicht sinkt, aber Roberto zwinkert ihr zu. »Es sind aber gar nicht so viele, die am Flughafen stehen dürfen. Kommen Sie mit, ich habe eine Idee.«

Ob sie nun zu allen Taxifahrern gehen und das Foto herumzeigen? Aber nein, Roberto lotst sie zu seinem Wagen. »Wie wollen wir ihn denn finden?«, fragt Elin, als sie schon auf der Rückbank sitzt.

Roberto macht eine Handbewegung, die Elin als »Warte mal, wirst du schon sehen« interpretiert, dann hupt er und fädelt sich in den Verkehr ein. Während sie fahren, erzählt er von seiner Frau. Maria heißt sie, seit der ersten Klasse liebt er sie, seit 45 Jahren sind sie verheiratet. »Aber einmal, da war es fast aus. Da hat ihr eine Freundin erzählt, ich hätte eine andere geküsst. Meine Maria hat getobt, dann hat sie sich in ihrem Zimmer eingesperrt. Drei Tage lang habe ich vor ihrem Haus gecampt, Gitarre gespielt und Liebeslieder gesungen. Am Schluss hat ihre Mutter sie gezwungen, mit mir zu sprechen. Sie hat gedroht, dass sie mich sonst umbringen oder anderweitig zum Schweigen bringen würde.« Er lacht. »Ich bin kein besonders guter Sänger. Ein halbes Jahr später haben wir geheiratet.«

»Und, haben Sie?«

»Habe ich was?«

»Die andere geküsst?«

Roberto lacht laut und lang. »Wir machen alle Fehler«, sagt er schließlich, kurz darauf biegt er plötzlich scharf rechts ab und hält vor einem Gebäude, das aussieht wie eine Autowerkstatt, dem Schild nach zu urteilen aber ein Café ist. »Als Erstes brauchen wir etwas zu essen.«

Sie steigen aus, gehen an aufgestapelten alten Autoreifen vorbei, Roberto hält ihr die Tür auf. Ein großer Raum mit offener Küche in der Mitte und vielen Holzbänken und Tischen drum herum. Es riecht nach gegrilltem Fleisch, Zitronen und Männerschweiß. Neben dem Herd zerlegt ein Mann mit gekonnten Bewegungen etwas, das aussieht, als wäre es mal ein Ferkel gewesen.

»Ich empfehle den gegrillten Schweinebauch, den esse ich heute auch«, sagt Roberto.

Elin bestellt Chupe de camarones, das ist Garnelensuppe mit Kartoffeln, Milch und Chili.

»Mach extra große Portionen, José«, ruft Roberto dem Koch zu.

Während sie essen, schwärmt der Taxifahrer weiter von seiner Maria, von ihren drei Kindern und den fünf Enkelsöhnen. Elin fragt sich schon, ob Roberto sie vielleicht nur mitgenommen hat, damit sie seine große Portion Abendessen bezahlt und er jemandem von seinem gesegneten Leben erzählen kann. Aber nachdem er die letzte Kartoffel verputzt hat, tupft Roberto sich die Lippen mit einer Serviette ab und zückt sein Telefon. »Wir haben ein paar WhatsApp-Gruppen, da sind die meisten Taxifahrer drin. Wenn ich darin das Bild von Tom schicke und erzähle, warum Sie ihn suchen, Señora, erinnert sich vielleicht einer an ihn und daran, wo sie hingefahren sind.«

Das ist schlau, denkt Elin, während sie ihm das Foto schickt. Nur schade, dass sie kein aktuelleres Bild hat. Sie schämt sich ein bisschen, dass sie Roberto eben etwas anderes als nur die besten Absichten unterstellt hat. Er tippt auf seinem Telefon herum, dann legt er es zur Seite.

»Tom ist ein schöner Mann«, sagt er.

Elin lächelt und denkt, dass er ihr Typ nicht ist.

»Ist er auch ein guter Mann?«

Ebenso fraglich, denkt Elin. Immerhin hat er seine wirkliche Verlobte, Tessa, ohne ein Wort verlassen. Natürlich kann sie das Roberto nicht sagen.

Sie nickt.

»Warum haben Sie sich gestritten?«, will Roberto als Nächstes wissen.

Hätte sie ahnen können, dass diese Frage irgendwann kommt, trotzdem ist sie unvorbereitet. Warum fällt ihr nicht schnell etwas ein? Einen Streit erfinden, da hat sie doch Übung drin. Was ist sie für eine Schriftstellerin, wenn sie immer dann, wenn es darauf ankommt, eine Schreibblockade hat? Elin betrachtet die Tischplatte.

Roberto nimmt ihre Hand und drückt sie. Dann erinnert er sie: »Wir alle machen Fehler.«

Robertos Telefon brummt. Einmal, zweimal, dann viele Male hintereinander.

»Nichts bisher, aber alle wünschen viel Glück bei der Suche. Franco schreibt, dass er auch noch eine Frau sucht. Nur für den Fall, dass Sie Tom nicht finden.«

»Gut, dass ich in Ihr Taxi und nicht in Francos gestiegen bin.«

»Sowieso.«

»Und jetzt?«, fragt Elin.

Roberto lehnt sich lächelnd zurück und tätschelt seinen Bauch. »Abwarten und Nachtisch essen.«

Zwanzig Minuten und zwei Picarones später brummt es erneut. Roberto steckt sich den Rest seines frittierten Kürbis-Süßkartoffelrings in den Mund, greift zum Telefon, liest, öffnet den Mund, will etwas sagen, verschluckt sich aber und hustet bellend in seine Serviette. Elin springt auf und klopft ihm etwas unbeholfen auf dem Rücken herum. Irgendjemand, vielleicht José, der Koch, eilt mit einem Glas Wasser herbei.

Als Roberto wieder sprechen kann, wischt er sich die Tränen aus den Augenwinkeln und schaut Elin an.

»Wir haben ihn.«

21

Luuk ringt um Luft. Es ist kurz vor Mitternacht. Tessa ist hier, in Lima, ihm auf den Fersen, und wenn sie ihn findet, wird sie ihn möglicherweise umbringen wollen. Schon jetzt fühlt es sich an, als hätte sie ein Band aus Stahl um seinen Brustkorb geschlungen und würde langsam zuziehen. Er atmet flach und pfeifend.

»Asthma? Hat meine kleine Nichte auch.«

Der Taxifahrer, der ihm eben noch mit fröhlicher Stimme die schlechte Nachricht überbracht hat, schaut ihn besorgt im Rückspiegel an.

»Du bist doch Tom, oder?«, hat er gefragt, als Luuk vor dem Club in seinen Wagen gestiegen ist.

»Woher …?«

»Fast alle Taxifahrer in Lima kennen dich, seit deine Verlobte heute Abend am Flughafen gelandet ist.«

»Meine Verlobte«, hat Luuk tonlos wiederholt.

Bitte, kann irgendjemand sagen, dass das hier nicht wahr ist?

»Ja, schöne Frau und so groß. Das hat jedenfalls Roberto erzählt. Das ist der Kollege, der sie gefahren hat. Ihm hat sie ein Bild von dir gezeigt und er hat es weitergeschickt, bis dich schließlich der Fahrer erkannt hat, der dich vor ein paar Tagen ins Best Hotel gebracht hat.«

Kurz war Luuk irritiert. Schön ist Tessa, das stimmt. Aber auffallend groß ist sie eher nicht. Obwohl: Für diesen kleinen Peruaner sind wahrscheinlich fast alle holländischen Frauen riesig.

Der Fahrer mustert ihn. »Ist aber schon ein bisschen älter, das Foto von dir, oder?«

»Wieso?«

Statt einer Antwort nimmt der andere sein Smartphone in die Hand, drückt ein paar Tasten und zeigt Luuk kurz darauf das Bewerbungsfoto, auf dem er tatsächlich noch sehr jung war, aber auch sehr seriös aussah. Aus diesem Grund hatte er es für das LinkedIn-Profil von Tom benutzt. Es ist seltsam, dass Tessa für die Suche nach ihm kein aktuelleres Foto benutzt hat. Aber das ist seine geringste Sorge. Das Problem ist ein anderes: Wenn sie seinen falschen Namen und sein falsches LinkedIn-Profil kennt, wird sie sich schon denken können, was er in Peru vorhat.

»Freu dich«, befiehlt ihm der Taxifahrer. »Wenn sie dir um die halbe Welt hinterherfliegt, muss sie es ernst meinen mit dir.«

Luuks Brustkorb wird zu eng. Sauerstoff, er braucht mehr Sauerstoff. Das Fenster. Er drückt auf den Knopf, kurz darauf weht die peruanische Nachtluft in den Wagen.

»Das ist so, als würdest du einem Lungenkranken eine Zigarette geben«, sagt der Taxifahrer und schließt das Fenster wieder.

Luuk hustet.

»Brauchst du einen Arzt? Einen Inhalator?«

Luuk fasst sich an den Hals. Dort hängt er noch, verborgen unter seinem T-Shirt: der USB-Stick an einem stabilen Lederband. Seine Eintrittskarte zu einem neuen Leben.

Das kleine Stück Elektronik in seiner Hand wirkt beruhigend. Ruhig bleiben, redet Luuk sich selbst gut zu. Falls Tessa im Best Hotel ist, liegt sie jetzt wahrscheinlich schon im Bett, eingerollt auf der Seite wie eine Katze vor dem Ofen. Im Flugzeug kann sie nie schlafen, sie wird nach der langen Reise völlig fertig sein. Oder sie ist schon weitergezogen, nachdem sie an der Rezeption nach einem Tom oder einem Luuk gefragt hat und niemand mit diesem Namen dort wohnt. Zum Glück hat er einen dritten Namen zum Einchecken verwendet. Es war ziemlich schlau von ihm gewesen, mehr als einen gefälschten Reisepass zu kaufen. Er entscheidet, dass er nur schnell seine Tasche holen und dann so schnell wie möglich die Stadt verlassen wird. Nicht mit einem Taxi, das geht jetzt offenbar nicht mehr. Mit dem Bus? Zu viel Gedränge. Zu Fuß? Zu langsam.

»Geht es wieder besser?«, fragt der Taxifahrer.

Luuk nickt. »Danke.«

Der Mann lacht. »So ist das mit der Liebe. Manchmal raubt sie einem den Atem.«

Vor dem Best Hotel, das in Wahrheit eine eher schlechte, aber dafür sehr günstige Jugendherberge ist, steigt Luuk aus.

»Viel Glück, Tom«, sagt der Taxifahrer. »Ich wünsche euch eine schöne Hochzeit und ein langes Leben mit vielen Kindern.«

Luuk wünscht sich Dunkelheit. Einen Vorhang aus Finsternis, noch besser wäre eine Tarnkappe. Er drückt sich in den Schatten der Hauswand, späht durchs Fenster, für den Fall, dass Tessa wider Erwarten im Eingangsbereich herumlungert und auf ihn wartet.

Die Rezeption ist verwaist. Aber auf dem Sofa, das zwischen der Gemeinschaftsküche und den Duschen im Eingangsbereich steht, schläft eine Frau im kalten Licht der LED-Lampe. Sie liegt auf dem Rücken, den Mund halb offen, unter dem Kopf einen Rucksack, die Hände über ihrem Bauch gefaltet. An den Füßen, die von der Seitenlehne ins Leere baumeln, trägt sie Wanderschuhe. Luuk stellt erleichtert fest, dass er sie noch nie gesehen hat.

Als er an ihr vorbei in sein Zimmer schleichen will, schreckt sie hoch. Für einen Moment wirkt sie orientierungslos, schaut ihn mit großen Augen an, als hätte sie ein Gespenst gesehen. Dann schaltet ihr Hirn wieder auf Wachzustand und sie reibt sich die Augen. Er geht weiter. »Kommst du oder gehst du gerade?«, ruft sie ihm hinterher.

Nicht so laut, denkt er, du weckst sonst alle und im schlimmsten Fall auch Tessa. Er dreht sich zu ihr um: »Weißt du, ob eine Holländerin hier war und nach mir gefragt hat? Tessa heißt sie. Mittelgroß, schlank, schwarze kurze Haare.«

Elin schüttelt den Kopf. »Falls ich ihre Ankunft nicht verschlafen habe, waren hier nur eine überarbeitete Rezeptionistin und drei Australier auf Drogen. Tessa. Suchst du sie?«

»Sie sucht mich«, sagt Luuk düster. Mit diesen Worten

geht er in den Schlafsaal, den er mit drei anderen Männern teilt. Die Deckenlampe ist aus, aber von der Straße fällt genug Licht ins Zimmer. Zwei der Männer schnarchen, der dritte sitzt mit geschlossenen Augen im Schneidersitz auf seiner Matratze und murmelt etwas, das nach buddhistischem Mantra klingt.

Luuk wirft ein paar Klamotten und ein Handtuch in seinen Rucksack.

Er atmet erleichtert aus, als er wieder draußen ist. Kurz geht ihm der Rat der Rezeptionistin durch den Kopf: Niemals nachts allein durch die Straßen laufen. Lima sei sicherer als viele andere südamerikanische Städte, aber in letzter Zeit wäre die Zahl der bewaffneten Überfälle auf Touristen merklich gestiegen.

Hinter ihm fällt die Tür des Best Hotels ins Schloss.

Er zuckt zusammen, aber es ist nur die Frau vom Sofa.

»Du gehst also.«

Luuk versucht zu erraten, woher sie kommt. Sie ist ein Stück größer als er, vermutlich ein paar Jahre älter, sie spricht Englisch mit einem kleinen harten Akzent, hat graubraune verstrubbelte Haare und Sommersprossen. Ein bisschen grobknochig und irgendwie wild sieht sie aus, so als würde sie besser in den Wald statt in die Stadt passen. Finnin vielleicht.

Sie gähnt. »Seit ich gesehen habe, wie viele Kakerlaken in den Duschräumen sind, will ich hier auch nicht mehr bleiben. Wohin gehst du?«

Gefühlte hundertmal hat Luuk diese Frage in den letzten Tagen gehört. Der übliche Backpacker-Smalltalk: Woher kommst du? Wohin gehst du? Letzteres weiß er leider selbst nicht genau, dabei hatten sie ihm Ort und Zeitpunkt für die Übergabe schon gestern schicken wollen.

»Mal schauen«, sagt er jetzt ausweichend und fragt dann, mehr aus Gewohnheit als aus Interesse: »Und du?« Hauptsache, sie schlägt jetzt nicht vor, dass sie doch zusammen weiterreisen könnten. Eine Alleinreisende auf der Suche nach Anschluss kann er jetzt gar nicht gebrauchen.

Sie legt eine Hand auf den Bauch. »Als Erstes brauche ich was zu essen.«

Gar keine schlechte Idee, Hunger hat er eigentlich auch. Allerdings sind die meisten Küchen Sonntagnacht um diese Zeit zu. »Hier in der Nähe soll ein Casino sein, das rund um die Uhr geöffnet hat und Snacks serviert.«

Sie lacht. »Casino ist super, da kann ich gleich meine Reisekasse aufbessern.«

Das, findet Luuk, ist genau die richtige Einstellung.

Elin schaut an sich runter. »Vorausgesetzt, die lassen mich in meinem Gammellook überhaupt rein.«

»Ich glaube, die lassen jeden rein, der Geld mitbringt.«

»Gut. Können wir da zu Fuß hin?«

Luuk nickt. Klar, es gibt Taschendiebe, aber Taxifahrer, die wissen, dass Tessa nach ihm sucht, gibt es eben auch.

»Da lang«, sagt er.

»Ich bin übrigens Elin. Elin aus Schweden.«

»Tom.«

»Tom wie in Tom Ripley?«

Tom Ripley? Kommt ihm bekannt vor, ein Schauspieler vielleicht? Er fühlt sich ein wenig geschmeichelt. Zugeben, dass er nicht genau weiß, wer dieser Ripley genau ist, will er nicht. Stattdessen sagt er: »Eher wie in Tom Sawyer.« Das klingt lässig und nach Abenteuer.

»Tom Sawyer vom Mississippi.«

»Eigentlich Tom aus Amsterdam.«

»Da habe ich auch mal gewohnt«, sagt Elin und wechselt ohne Ruckeln ins Niederländische. »Ist aber schon eine Weile her.«

Sie laufen weiter, biegen ein paarmal ab und sind plötzlich in einer Straße, die nicht beleuchtet ist. Die Laternen sind kaputt, die Fenster sind dunkel, kein Auto ist unterwegs.

»Ist schon eine Weile her, dass ich wusste, wo wir sind«, sagt Luuk.

»Verlaufen in Lima«, sagt Elin leichthin, als würde sie ihm den Titel einer neuen Kinokomödie nennen. Ihm selbst macht die eben noch herbeigesehnte Dunkelheit überraschend viel Angst.

Von der Seite kommen scharrende Geräusche, irgendwo knarrt eine Tür. Er würde gerne sein Smartphone nach dem richtigen Weg befragen, wagt es in dieser Straße aber nicht, es herauszuziehen.

»Auch reich zu sein hat seinen Preis«, sagt Tessa manchmal, wenn er davon spricht, dass er gerne Privatier wäre. Nun läuft er mit einem USB-Stick, dessen Inhalt mehrere Millionen Dollar wert ist, nachts durch Lima und versteht zum ersten Mal, was sie meint.

Tessa ist eine kluge Frau. Auch das macht ihm gerade Angst. Plötzlich fühlt er sich beobachtet, stolpert über etwas, eine Spritze vielleicht. Ein Knurren aus der Finsternis.

Er schaut nach hinten über die Schulter, sieht eine Bewegung, einen Schatten, verschwommen in der Dunkelheit.

»Keine Angst, das sind nur Straßenhunde«, beruhigt Elin ihn. Er merkt, dass sie ihn mustert. »Man könnte meinen, du bist auf der Flucht.«

Ihm entfährt ein Lachen, das selbst in seinen Ohren leicht hysterisch klingt. »Nur heute.«

»Vor dieser Tessa?«

Er antwortet nicht.

»Ist sie gefährlich?«

»Möglicherweise«, sagt Luuk. »Aber so einfach wird sie mich schon nicht finden.«

»Wer ist diese Tessa denn eigentlich? Und warum ist sie hinter dir her?«

»Exfreundin«, sagt Luuk. Es ist an der Zeit, über erfreulichere Themen zu sprechen.

Sie biegen links ab, zurück ins Licht. Am Ende der Straße blinkt der goldglitzernde Eingangsbereich des Casinos. Luuks Angst ebbt ab, mit jedem Schritt steigt seine Zuversicht. Als sie durch die Drehtür gehen, ist er ganz sicher: Dieses Spiel wird er gewinnen.

22

»Sollen wir Tessa sagen, dass Luuk in Peru ist und denkt, dass sie ihn verfolgt?«, fragt Maddie am Montagmorgen. Arie schüttelt den Kopf. »Erst mal hören wir uns an, was sie uns zu sagen hat.«

Er schaut zu der Wohnung hoch, in der sie Tessa in fünf Minuten erwartet. Tweede Jan van der Heijdenstraat, Hausnummer 82, roter Klinkerbau. In keinem der weiß umrandeten Fenster brennt Licht.

»Vielleicht hat sie verschlafen«, sagt Maddie, der das offenbar auch gerade aufgefallen ist.

»Oder sie spart Strom.«

Jack und Jan kommen angeradelt, beide mit vor Wind und Anstrengung geröteten Gesichtern und ziemlich außer Atem. »Sorry, wir sind ein bisschen zu spät«, entschuldigt sich Jan, als er sein Rad ankettet. »Fru Gunilla wollte nicht vom Baum. Dafür schläft sie jetzt hoffentlich friedlich im Rucksack, bis wir fertig sind.«

»Ich bin ziemlich gespannt, was Tessa von uns will«, sagt Jack.

»Wir werden es bald herausfinden«, sagt Arie und hält den anderen die Haustür auf.

»Oder nicht«, sagt Jan einige Minuten später.

Sie stehen vor Tessas Wohnungstür im ersten Stock. Sie haben geklingelt, sie haben geklopft, aber Tessa macht nicht auf. »Ich rufe sie mal an«, sagt Arie und wählt. Kurz darauf legt er wieder auf. »Mailbox.«

»Vielleicht hat sie doch verschlafen«, mutmaßt Maddie. »Oder sie hat uns einfach vergessen und ist woanders hingegangen.«

»Glaube ich nicht. Dazu war ihr die Sache zu wichtig«, sagt Arie.

»Alternativ ist sie vielleicht wirklich in Peru und hinter Luuk her.«

Jack legt eine Hand um den Türknauf und dreht ihn vorsichtig nach links. »Offen«, sagt er erstaunt. »Dann ist sie sicher doch zu Hause.«

»Wir können da nicht einfach reingehen«, sagt Arie.

»O doch«, sagt Jack und öffnet die Tür. Vor ihnen liegt der Flur, überraschend groß für Amsterdamer Verhältnisse. Hier stehen eine große Kommode und eine Holzbank. Beide sehen aus, als wären sie aus alten Schiffsplanken gezimmert worden und hätten in einem der trendigen Möbelgeschäfte im Norden der Stadt schrecklich viel Geld gekostet. An der Garderobe hängen ein schwarzer Filzhut sowie das Männerjackett und der gelbe Schal, die Tessa bei ihrem Besuch auf dem Hausboot getragen hatte, in der Ecke liegt ein Paar Westernstiefel.

»Hallo? Tessa? Bist du zu Hause?«, ruft Arie. In einem der Zimmer tickt eine Uhr, Jacks Regenjacke knistert.

»Lasst uns gehen«, sagt Jan kaum vernehmlich, aber da ist Jack schon auf dem Weg in die Küche. »Tessa?«, ruft nun auch er. Irgendwo im Haus legt ein Nachbar ein Sinfoniekonzert auf. Arie geht zur nächsten Tür, die alten Dielen knarren leise. Es ist das Schlafzimmer. Das Bett, das aus dem gleichen Möbelladen wie die Kommode im Flur stammen könnte, ist gemacht, auf der glatt gestrichenen Decke liegen achtlos hingeworfene Anziehsachen, daneben ein Smartphone. An der Wand hängt eine riesige Aufnahme vom Meer, in der Ecke steht eine Gitarre. Neben dem Kleiderschrank befindet sich eine weitere Tür. Arie öffnet sie und steht in einem kunstvoll gekachelten Badezimmer, das ihn an das Hamam erinnert, das Sanne und er einmal in Marokko besucht haben. Aber an Marokko denkt er nur so lange, bis sein Blick auf die Badewanne am Fenster fällt.

Tessa Teuling liegt nackt im Wasser, auf ihren Lippen ein Mona-Lisa-Lächeln. Ihr dunkles Haar treibt wie Seetang um ihr Gesicht, ihre Augen sind geschlossen. Sie sieht aus wie eine Nixe aus einem Märchenfilm.

Eine Nixe, die schläft. Oder eine Nixe, die tot ist.

Mit zwei großen Schritten ist Arie bei der Wanne, will Tessa aus dem Wasser heben, will ihr Luft und Leben in die Lungen blasen. Aber dann sieht er ihr aufgedunsenes Gesicht und die Waschhaut an ihren Händen. Im Wasser treiben ihre letzten Ausscheidungen.

Keine Luft der Welt kann Tessa wieder lebendig machen.

»Fuck«, kommentiert Jack, der plötzlich neben ihm steht. Vielleicht sollte er sich lieber setzen. Arie erinnert sich, dass er bei der letzten Leiche fast umgekippt wäre, stellt aber fest: Diesmal wird Jack nicht mal blass. Es muss also das

Blut sein, das ihm auf den Kreislauf schlägt, nicht der Tod an sich.

Von unten kommen Orchesterklänge, ein schwirrendes Scherzo, das klingt wie ein heiterer Waldspaziergang im Frühling.

»Ich rufe einen Krankenwagen«, sagt Jan.

»Gib mir fünf Minuten«, bittet Arie und schaltet in Arbeitsmodus.

Nirgendwo Blutspuren, keine Würgemale am Hals, auf den ersten Blick wirkt Tessa unverletzt. In der Wanne liegen weder ein Föhn noch andere elektrische Geräte. Herzinfarkt vielleicht. Doch hätte sie nicht eines der flauschigen weißen Handtücher aus dem Regal genommen und auf den Hocker neben die Wanne gelegt, wenn sie einfach ein Bad nehmen wollte?

»Maddie, schau mal, ob du irgendwo einen Abschiedsbrief oder eine Schachtel mit Schlaftabletten findest«, sagt er. »Aber nichts anfassen.«

Er hört, dass sich Maddies Schritte entfernen, zieht ein Paar Latexhandschuhe aus der Hosentasche und streift sie über. »Du hast Latexhandschuhe dabei?«, wundert sich Jack.

»Alte Gewohnheit.«

Arie geht zurück ins Schlafzimmer und nimmt Tessa Teulings Telefon hoch. *Use fingerprint or enter password* steht auf dem Display. »Fingerabdruck könnten wir schon machen«, sagt Jack. »Wir müssten nur ihre Hand aus dem Wasser nehmen und abtrocknen.«

»Dafür, dass du absolut kein Blut sehen kannst, bist du überraschend schmerzfrei«, sagt Arie, es klingt durchaus anerkennend. »Leider wird der Finger uns im aktuellen Zustand nichts nützen.«

»Zu verschrumpelt?«

»Zu verschrumpelt«, bestätigt Arie, legt das Telefon wieder hin und geht ins Arbeitszimmer.

»Kein Abschiedsbrief weit und breit«, informiert Maddie ihn. »Auch keine Tabletten, Giftflaschen oder verdächtige Pilze.«

»Und kein Computer«, sagt Jan und deutet mit leicht zitternder Hand auf den Schreibtisch. Arie schaut sich um. Die Wände sind mit Bücherregalen vollgestellt, auf den ersten Blick sieht es hauptsächlich nach Fachliteratur aus. Er öffnet die Schreibtischschubladen, findet Notizblöcke, Stifte, Zeitungsausschnitte, Briefumschläge, ein Durcheinander, das in einem erfrischenden Gegensatz zu der sonst so aufgeräumten Wohnung steht. Aber auch hier: kein Laptop. Im Wohnzimmer und in der Küche finden sie auch keins. »Merkwürdig, dass eine Wissenschaftlerin ein Arbeitszimmer, aber kein Laptop hat«, sagt Jan.

»Vielleicht hat sie es im Büro gelassen oder es wird gerade repariert«, sagt Maddie.

Jack seufzt. »Einfach abhauen und so tun, als wären wir nie hier gewesen, können wir nicht, oder?«

»Leider nicht.« Arie tritt ans Fenster. Ein nasses Grau hat die herbstliche Farbenpracht der letzten Tage abgelöst. An der Fassade segelt eine Rauchschwalbe vorbei, vermutlich eine der letzten, die Richtung Süden zieht. Er denkt an Tessa, die doch noch so jung war, und an Matts, der niemals sterben darf.

»Ich rufe jetzt den Krankenwagen«, sagt Jan zum zweiten Mal. Diesmal nickt Arie. »Elin müssen wir auch anrufen.«

»Um ihr zu sagen, dass wir nun doch noch die Leiche haben, die sie für ihr Buch braucht?«, kommt es von Jack.

Maddie stöhnt genervt. »Kannst du nicht einmal deine blöden Sprüche für dich behalten?«

»Um sie zu warnen«, sagt Arie. Jan und Maddie hatten recht: Es war unvorsichtig von ihm, Elin nach Peru zu schicken. »Es ist doch ein großer Zufall, dass erst Luuk verschwindet und seine Verlobte dann tot in der Wanne liegt. Falls Tessas Tod keine natürlichen Ursachen hat, bin ich ziemlich sicher, dass es einen Zusammenhang mit Luuks Verschwinden gibt. Und wenn das so ist, dann schwebt Elin möglicherweise in Gefahr.«

»Ich frage mich, warum Luuk Elin erzählt hat, dass Tessa in Peru ist«, sagt Maddie.

Darauf weiß keiner eine Antwort.

Jan wählt die 112, von unten kommen Paukenschläge, es klingelt. Für einen Moment denkt Arie, das sei Teil der Musik, aber dann klingelt es noch einmal. An Tessas Wohnungstür.

Jan lässt vor Schreck sein Telefon auf den Küchentisch fallen, Maddie reißt die Augen auf. Arie legt einen Zeigefinger an die Lippen und schleicht in den Flur. Durch den Spion in der Wohnungstür sieht er als Erstes einen bunten Blumenstrauß, dahinter das pausbackige Gesicht eines mittelalten Mannes mit blonden Locken. Arie öffnet abrupt die Tür, der Mann kreischt auf, lässt die Blumen fallen und springt nach hinten.

»Was, was machen Sie hier?«, bringt er schließlich heraus.

Hinter Arie kommt Maddie in den Flur.

»Das Gleiche könnte ich Sie auch fragen«, sagt Arie streng. Er merkt selbst, dass er sich wie ein Polizist anhört.

»Ich, ich, ich«, stottert er. Schließlich bringt er heraus, dass er Tessa einen Krankenbesuch abstatten wollte. »Sie arbeitet in meiner Firma.«

Nun kommt auch Jan in den Flur. »Der Arzt ist unterwegs.«

Die Polizei auch, weiß Arie. Die wird bei Todesfällen in Badewannen routinemäßig mitgeschickt.

»Arzt?«, fragt der Besucher. »Ist sie also doch ernsthaft krank?«

23

Wessel de Boer, war ja klar. Er mustert die Detektive, auf den Lippen das Lächeln eines Großwildjägers, der kurz davorsteht, den größten Elefanten des Landes zu schießen. Schließlich nimmt er Maddie ins Visier: »Ich dachte ja gleich, dass wir uns bald wiedersehen. Wie ich sehe, haben Sie diesmal Verstärkung mitgebracht.« Dann wendet er sich an den Blondgelockten, der sich als Hugo Beekhof vorgestellt hat und inzwischen auf einem Küchenstuhl sitzt, die Blumen auf seinem Schoß. An seinem Hals treten die Adern hervor, seine Wangen leuchten rötlichviolett. Sein Gesicht sieht aus wie das von einem Trompetenspieler mit Bluthochdruck. Nur dass die Trompete fehlt.

»Und Sie? Neu bei den vorbestraften Detektiven?«

Beekhof wischt sich über die Augen. »Welche Detektive?«

»Er ist kurz nach uns angekommen«, sagt Arie. Es klingt ein wenig gepresst, und Maddie fragt sich, wieviel Selbstbeherrschung es ihn kostet, mit dem Mann zu sprechen, wegen dem er sein Haus, seinen Job, seine Frau und zwischenzeitlich sogar den Glauben an die Freundschaft verloren hat.

Und dieser Wessel? Wie mag es ihm gehen, wenn er Arie sieht? Plagt ihn das schlechte Gewissen, fühlt er Triumph? Oder ist er zurück in dem Moment, als er das kalte Metall von Aries Dienstwaffe an seiner Schläfe gespürt hat?

»Geben Sie dem Mann ein Glas Wasser«, weist Wessel eine junge Kollegin an, die sich bis jetzt im Hintergrund gehalten hat. »Und dann fangen Sie mit der Befragung der Nachbarn an. Vielleicht hat jemand etwas beobachtet.«

Durch die offene Küchentür sieht Maddie, wie ein Team der Spurensicherung durch den Flur läuft.

Hugo Beekhof trinkt hastig, ein Teil des Wassers läuft sein Kinn hinunter und tropft auf den Blumenstrauß.

»Tessa Teuling hat uns gestern angerufen und uns gebeten, sie heute Morgen um neun hier zu treffen«, berichtet Arie. »Sie war ziemlich aufgelöst, hat gesagt, es wäre etwas mit Luuk.«

»Das ist ja nun nichts Neues.« Wessel sieht Richtung Fenster, während er mit Arie spricht.

»Sie muss etwas Neues herausgefunden haben. Was, wollte sie am Telefon nicht sagen.«

»Ich fasse zusammen: Die Verlobte des seit Tagen verschwundenen Mannes meldet sich bei den Detektiven, von denen eine übrigens im Verdacht steht, selbst etwas mit dem Verschwinden zu tun zu haben. Sie hat eine wichtige Neuigkeit, will diese aber nur persönlich mitteilen. Doch bevor sie das tun kann, liegt sie mausetot in der Badewanne.« Jetzt schaut Wessel Arie doch an, die Lippen zu einem spöttischen Lächeln verzogen. Aber noch etwas anderes sieht Maddie in Wessels Blick kurz aufblitzen: Neid. Das ergibt keinen Sinn, aber bevor sie länger darüber nachdenken kann, sagt er: »Warum nur klingen all diese Hausboot-Detektei-Erklärungsversuche so, als hätte sie eine so unbedeutende wie erfolglose schwedische Schriftstellerin am Schreibtisch erfunden?«

Elin ist nicht erfolglos, will Maddie protestieren. Oder, na ja, zumindest wird sie es nicht mehr lange bleiben. Außerdem hat Arie die Wahrheit gesagt.

»Es ist so, wie Arie gesagt hat«, bestätigt Jan.

Wessel ignoriert ihn, schaut weiter Arie an und sieht aus, als wolle er noch etwas richtig Gemeines sagen. Aber Hugo Beekhof, der neben Maddie sitzt, kommt ihm zuvor. »Tessa hat mir gar nicht erzählt, dass ihr Verlobter verschwunden ist.«

Wessel schaut auf den Blumenstrauß. »Waren Sie Tessa Teulings Liebhaber?«

»Aber nein, ich bin verheiratet«, ruft Hugo aus. »Tessa ist meine beste Mitarbeiterin, meine erste Ingenieurin bei *Deep Sea Treasures*. Ich bin der Gründer und CEO der Firma.«

»Das eine schließt das andere bekanntlich nicht aus.«

Hugo räuspert sich. »Ich bin mit einem Mann verheiratet.«

»Ah«, sagt Wessel, kurz scheint er aus dem Konzept gebracht, dann fragt er, was für ein Unternehmen *Deep Sea Treasures* sei. Ein zukunftsweisendes Start-up, erklärt Hugo. »Wir forschen auf dem Gebiet der Rohstoffgewinnung und der erneuerbaren Energien. Gerade sind wir in der Endphase eines wichtigen Projekts, das wir dringend zum Abschluss bringen müssen. Tessa war schon letzte Woche krank, und auf ihrem Computer in der Firma war eine wichtige Datei nicht in Ordnung, deshalb hat sie gesagt, ich solle die Kopie einfach hier bei ihr abholen. Das wäre auch immer noch sehr wichtig für mich. Am einfachsten wäre es vielleicht, wenn ich gleich ihren ganzen Laptop mitnehmen würde.«

Wessel lacht auf, und man muss ihn nicht gut kennen, um es übersetzen zu können: Vergiss es!

Hugos Wangenfarbe changiert wieder leicht ins Dunkelrote, als ihm klar wird, dass das mit seiner wichtigen Datei wohl heute nichts mehr wird. Falls Tessas Laptop überhaupt wieder auftaucht, denkt Maddie. Aber komisch ist die ganze Sache sowieso. »Wieso hat Tessa Ihnen die Datei nicht einfach per E-Mail geschickt?«

Wessel bedenkt sie mit einem vernichtenden Blick. »Vielen Dank, Mevrouw Hornix, aber soweit ich das sehe, sitzen Sie hier im Moment auf der Seite der Verdächtigen, nicht auf der der fragenden Ermittler.«

Blödmann, denkt Maddie.

Hugo Beekhof lächelt dem Polizisten erleichtert zu.

»Also, warum hat sie die Datei nicht einfach per E-Mail geschickt?«, raunzt Wessel ihn an.

»Das sind hochsensible Daten, wir hatten Angst, dass die Konkurrenz …«

»Wer ist die Konkurrenz?«

»*Blue Mining*, L. A.«

»L. A.«, wiederholt Wessel.

Blue Mining, denkt Maddie. Noch nie was von gehört.

Zwei Männer tragen eine Bahre Richtung Wohnungstür. Auf der Bahre, unter einem weißen Tuch, kann Maddie die Umrisse von Tessas Körper erahnen. Sicher wird sie jetzt in die Gerichtsmedizin gebracht. In der Nachbarwohnung verstummt die Musik. Tessas Kühlschrank brummt, auf der ansonsten leeren Anrichte steht eine Packung Trinkschokolade.

Vielleicht können sie jetzt auch gehen, denkt Maddie.

Wessel steht auf. »Sie kommen jetzt alle mal mit.«

Die nächsten drei Stunden verbringen Maddie und die anderen auf der Wache, werden einzeln voneinander befragt. Keiner von ihnen sagt, dass sie Luuk in Lima aufgespürt haben.

»Willst du darüber reden?«, fragt Juanita am Abend. Sie sitzen auf Maddies Schlafsofa. Nebenan singt Isa unter der Dusche.

»Über die Vernehmung? War langweilig«, sagt Maddie. »Aber dass Tessas Chef in ihrer Wohnung aufgekreuzt ist und ihren Laptop mitnehmen wollte, das finde ich schon spannend.«

Juanita zieht ihre Augenbrauen hoch. »Hugo Beekhof, den kenne ich.« So, wie Juanita dabei guckt, weiß Maddie gleich, woher sie Hugo zu kennen glaubt. Ist auch nicht weiter verwunderlich. Die meisten ihrer Kunden sind hohe Tiere.

Aber hier verwechselt sie wahrscheinlich was. »Kann nicht sein. Hugo Beekhof ist erstens verheiratet und zweitens schwul.«

»Und was davon schließt aus, dass er zu einer Domina geht?«

Maddie seufzt.

»Mittelgroß, bisschen Babyspeck, Haare wie ein Erzengel

und möglicherweise Bluthochdruck. Jedenfalls ist er häufig sehr rot im Gesicht. Seine Firma heißt *Deep Sea Treasures*«, zählt Juanita auf.

»Okay, du kennst ihn. Was weißt du noch über ihn?«

Juanita steht auf und holt zwei Flaschen Bier aus dem Kühlschrank. »Er mag es, wenn ich mich als Lehrerin verkleide und ihn beschimpfe. Des Weiteren steht er auf Nippelklemmen, Federkitzler und harte Schläge auf den Po. Er ist sehr kitzelig und hat einmal aus Versehen ins Studio gepinkelt. Wenn er erregt ist, ruft er nach seiner Mama.«

Maddie verzieht das Gesicht. »Too much information.«

Juanita lacht. »Du hast gefragt.«

»Ich hatte eher gehofft, dass er dir was über seine Arbeit oder so erzählt hat.«

»Hat er nicht.« Juanita dreht die Bierflasche zwischen den Händen. »Wissen die in der Hausboot-Detektei eigentlich, was ich nebenberuflich so mache?«

Maddie ist überrascht. Sonst kümmert es Juanita herzlich wenig, was irgendjemand über sie weiß oder sagt. Muss man sich wahrscheinlich abgewöhnen, wenn man bei einer frustrierten Mutter und ihrem gottesgläubigen Mann in Zeeland mitten im protestantischen Bibelgürtel aufwächst und jeder sehen kann, dass der richtige Vater der fesche jamaikanische Geschäftsmann auf Durchreise war.

»Jack vermutet es sicher, aber die anderen wissen es glaube ich nicht. Ich habe jedenfalls nie was erzählt.«

Juanita nickt ein wenig gedankenverloren.

Im Bad stimmt Isa ein neues Lied an.

»Lange genug geduscht, Isa«, ruft Maddie.

Isa tut so, als ob sie nichts hört oder vielleicht hört sie auch wirklich nichts, weil das Wasser rauscht und sie aus voller Kehle und ziemlich schief singt. »Es ist schon gut, dass der alte Onno ein bisschen schwerhörig ist.«

Juanita zieht einen handbeschriebenen Zettel aus der Hosentasche.

»War heute in meinem Briefkasten.«

»Was ist das?«

»Eine Einladung zum Abendessen mit kleinem Konzert. Von Jan.«

Maddie betrachtet Juanita überrascht. Sie sieht nämlich nicht so aus, als würde sie dankend ablehnen wollen.

»Ich überlege noch«, sagt Juanita.

»Du magst ihn.«

»Sagen wir es mal so: Ich will ihn kein bisschen schlagen. Wenn ich an ihn denke, will ich möglicherweise überhaupt niemanden mehr schlagen.« Juanita sieht verwirrt aus, während sie das erzählt. Offenbar hat sie diese neue Entwicklung selbst noch nicht richtig verarbeitet.

Maddie lächelt. Das war so ziemlich das Netteste, was ihre Freundin seit Langem über einen Mann gesagt hat.

24

»Tessa Teuling ist tot. Lag wohl einfach so in der Wanne, keiner weiß warum.« Hillary Walker sonnt sich am Pool, während sie die Neuigkeiten mitteilt. Antonio kniet über ihrem Po und cremt ihr den Rücken ein.

»Du sagst das so, als wäre das ein Anlass zur Freude.«

»Ist es auch. Außer für Tessa Teuling natürlich.«

Sie seufzt wohlig auf und reckt einladend ihren Po ein wenig nach oben, als Antonio seine Hände am Rückgrat entlang nach unten wandern lässt.

»Wer ist oder wer war diese Tessa gleich noch?«

Hillary seufzt noch mal, diesmal weil es sie doch manchmal nervt, dass Antonio sich nichts merken kann. Trotzdem versucht sie nachsichtig zu klingen, als sie ihn erinnert: »Hugo Beekhofs Entwicklerin. Ohne sie ist *Deep Sea Treasures* quasi nichts wert. Vor allem, weil das Kollektorfahrzeug wohl noch nicht ganz einsatzbereit ist. Es gibt nicht so viele gute Leute auf dem Markt, die da spontan einspringen könnten oder auch wollten. Hugo ist nicht dafür bekannt, dass er großzügig bezahlt. Wir sind also jetzt im Besitz des ersten und einzigen funktionierenden Kollektorfahrzeuges und haben die Abbaulizenz so gut wie in der Tasche.«

»Woher weißt du das alles eigentlich?«

»Kontakte, mein Süßer, Kontakte. Seiner Sekretärin zahlt er nämlich auch kein anständiges Gehalt.«

»Hast du Tessa ermorden lassen?«

»War gar nicht nötig«, lacht Hillary. »Ich liebe Probleme, die sich von selbst lösen.«

Antonio steigt von der Liege. Hoffentlich, um sich ihrer unteren Körperhälfte zu widmen. »An dir ist ein guter Mafiaboss verlorengegangen.«

»Das nehme ich doch einfach mal als Kompliment«, sagt Hillary und wackelt auffordernd mit den Füßen. Antonio springt mit den Händen voran ins Wasser.

»Und meine Beine? Sollen wir die verbrennen lassen?«, ruft Hillary ihm hinterher.

Wendig wie ein Otter dreht Antonio sich auf den Rücken. »Vielleicht kannst du die auch einfach mal selbst eincremen«, sagt er ein bisschen schnippisch und taucht ab.

»Ziehen da etwa dunkle Wolken am rosaroten Liebeshimmel auf?«

Hillary zuckt zusammen und setzt sich erschrocken auf. Neben ihr steht George.

»Ich habe dich gar nicht kommen hören.«

George nimmt einen lachsfarbenen Chiffon-Kaftan vom Boden und reicht ihn ihr. »Deine reizende junge Haushälterin hat mich reingelassen.«

»Wenn du mich fragst, ist sie ein bisschen dick.«

George lacht. »Wenn du mich fragst, ist sie hinreißend.«

Hillary bedeckt die nackten Brüste und schluckt einen bösen Kommentar runter. Irgendwie sind die Männer in ihrem

Leben heute beide seltsam drauf, vielleicht ist es was Hormonelles. »Was machst du heute überhaupt hier, George? Wolltest du nicht im Büro arbeiten?«

George setzt sich in den freien Liegestuhl neben ihr. Er trägt Shorts und ein kurzärmeliges weißes Leinenhemd, mit einer zusammengerollten Zeitung fächelt er sich kühle Luft zu. »Habe ich. Bis ein Problem aufgetaucht ist, das ich lieber nicht am Telefon besprechen wollte.«

Hillary greift zur Tube mit Sonnencreme und beginnt, sich die Beine einzuschmieren. Es macht eindeutig mehr Spaß, wenn das jemand anderes macht. »Schieß los.«

»Tom Jonker ist nicht allein unterwegs.«

»Sondern?«

»Er hat eine Frau dabei. Möglicherweise seine Freundin, auch wenn sich unser Mann da nicht so sicher ist.«

»Weiß sie, worum es geht?«

»Auch das konnte er noch nicht herausfinden. Er wollte nur schon mal wissen, was er machen soll, wenn er sie mit zu dem Treffen bringt.«

»Liegt das nicht auf der Hand? Mitwisser können wir nicht gebrauchen. Ist nicht unsere Schuld, wenn der Idiot irgendeine Frau mitbringt. Was hat der eigentlich gedacht? Dass das ein netter Urlaubstrip wird?«

»Ich dachte mir schon, dass du das so siehst. Kostet aber extra.«

»Von mir aus.«

»Vielleicht sollten wir auch Geld für bessere PR ausgeben.« George reicht ihr die Zeitung. »Seite drei.«

Es ist erst ein paar Tage her, seit Hillary mit der Journalistin über die Zukunftsvisionen von *Blue Mining* gesprochen hat. Ein bisschen mediale Aufmerksamkeit könne gar nicht schaden, hatte sie gedacht, so kurz vor den letzten Verhandlungen über die Abbaulizenzen. Da wüssten die künftigen Großkunden gleich schon mal, an wen sie sich wenden müssten. Außerdem wurde es Zeit, dass sie mehr politische Unterstützung bekam. Einladungen zu schicken Abendessen mit dem kalifornischen Gouverneur, bei dem dann auch gleich mal ein ordentlicher Scheck zugunsten von *Blue Mining* ausgestellt wurde.

Sie freut sich auf den Artikel. *Hillary Walker: Die Frau, die Elektromobilität möglich macht* hat sie sich als Überschrift vorgestellt. Oder: *Blue Mining hebt Schätze vom Meeresgrund.* Konnte man sicher noch eindringlicher formulieren, aber dafür gab es bei der Zeitung schließlich Profis. Dazu ein fesches Foto von ihr, sie war extra noch mal zum Friseur gegangen.

Hillary schlägt die Seite drei auf und stößt einen kurzen spitzen Schrei aus. Auf dem Foto steht sie neben dem Abbauroboter, aber so, dass er hässliche Schatten auf ihr Gesicht wirft, sie alt und verhärmt wirken lässt. Und warum hat der Fotograf ausgerechnet dann abgedrückt, als sie so einen starren Blick und ein verkniffenes Lächeln hatte? »Ich sehe aus wie ein Monster«, klagt sie.

»Warte, bis du den Artikel gelesen hast«, sagt George.

Eigentlich hat Hillary nach der Überschrift schon genug: *Tiefseebergbau – Gier ohne Grenzen,* aber sie liest trotzdem weiter. »Hör dir das an: Der Abbau von Manganknollen und anderen Rohstoffen wird den einzigartigen Lebensraum Tiefsee nachhaltig zerstören. Hillary Walker, Gründerin und Besitzerin von *Blue Mining,* ist das egal: ›Auf dem Meeresboden liegen Unmengen an mineralischen Rohstoffen wie Kupfer, Kobalt und Lithium, die wir dringend für die zunehmende Digitalisierung und die Mobilitätswende benötigen. Darauf sollten wir meiner Meinung nach nicht wegen ein paar Fadenwürmchen verzichten.‹ Was Walker nicht sagt: Sie wird mit dem Abbau der Rohstoffe eine Menge Geld verdienen.«

Hillary schnauft empört. »Was bildet die sich ein. Und es wird nicht besser, diese Schnepfe hat auch noch so einen Umweltmenschen befragt. Hör dir das an: ›Statt auch noch die Tiefsee auszubeuten, sollten wir lieber Verzicht üben und auf Produkte setzen, die auf recycelten Materialien basieren. Niemand weiß, welche Auswirkungen die Zerstörung der Tiefsee auf das gesamte Ökosystem des Meeres haben wird. Wir müssen diese letzte Wildnis bewahren – schon zu unserem eigenen Schutz.‹« Hillary will weiter vorlesen, aber George hebt die Hand. »Ich habe den Artikel auch gelesen.«

»Ich werde die verklagen«, faucht Hillary.

»So ein Prozess wäre langwierig, ziemlich aussichtslos und würde den Umweltschützern noch mehr kostenlose PR bringen.«

George zündet sich eine Zigarette an.

»Ich glaube, ich brauche einen Drink«, ächzt Hillary.

»Wenn du schon mal freiwillig Kalorien zu dir nimmst, könntest du vielleicht besser mit einem Sandwich anfangen.«

»Sagt der Mann, der heute Morgen um sechs damit angefangen hat, seinen Körper mit Nikotin zu vergiften.«

George lacht. »Sechs Uhr dreißig. Aber gut: Punkt für dich.«

»Antonio, Süßer, kannst du mir einen Drink holen?«, ruft Hillary über das türkisblaue Wasser hinweg, aber Antonio, der Süße, reagiert nicht, er krault.

Aus den Augenwinkeln sieht Hillary, wie George die Wangen aufbläht.

»Ich bringe Ihnen gerne einen Drink, wenn Sie möchten«, sagt plötzlich eine Stimme von rechts. Francisca, ihr Mädchen für den Haushalt. Wie lange stand sie da schon? Hat sie gelauscht? Hillary mustert die junge Mexikanerin, die ein kurzes geblümtes Kleid trägt, das aussieht als hätte sie es von ihrer Oma bekommen oder auf einem Flohmarkt erstanden. Darunter sieht man ihre stämmigen braun gebrannten Schenkel. In der Hand hält sie eine Gießkanne, ihr schwarzes öliges Haar ist zu einem ordentlichen Knoten hochgesteckt.

»Ein Mimosa wäre nett.«

»Und für Sie, Sir?«

»Gerne ein Sandwich, falls Sie in diesem Haus etwas zu essen finden.«

Francisca lächelt schüchtern, dann verschwindet sie im Haus.

»Vielleicht sollten wir noch einmal unsere Strategie überdenken«, schlägt George vor.

»Wie meinst du das?«

»Noch könnte *Blue Mining* einen völlig neuen Kurs

einschlagen. Du lässt diesen Tom Jonker nicht umbringen, sondern stellst ihn ein. Mit der Expertise aus seiner Forschungsarbeit könnten wir führend auf dem Gebiet des Rohstoff-Recyclings werden.«

»Und das Kollektorfahrzeug, das wir jahrelang für viel Geld entwickelt haben?«

»Könnte doch der Forschung zugutekommen.«

Francisca bringt den Mimosa und eine Platte mit Sandwiches. »Das sieht phantastisch aus«, bedankt sich George.

Hillary nippt an ihrem Drink und muss zugeben, dass auch der perfekt ist. Genau die richtige Mischung aus Champagner und Orangensaft. Was leider nichts daran ändert, dass George durchdreht.

»Überleg doch mal. Über die Tiefsee wissen wir bislang weniger als über den Mond. Aber *Blue Mining* könnte das ändern, wir könnten unser Kollektorfahrzeug umbauen lassen und es mit dem neuen Wissen für Forschungszwecke nutzen.«

»Und wie verdienen wir dann Geld?«

»Durch Kooperationen mit Universitäten und Umweltschutzverbänden, Spendengelder. Natürlich wäre die Gewinnmarge nicht so hoch, aber wir würden etwas Gutes tun.«

»Gleich nenne ich dich Greta.«

»Ach Hilly«, sagt George. »Die Zeiten ändern sich eben.«

»Nicht, solange ich es verhindern kann.«

George beißt in ein Avocado-Sandwich. Antonio steigt auf der anderen Seite des Pools aus dem Wasser und legt sich zum Trocknen in die Sonne.

Hillary reißt Seite drei aus der Zeitung. Sie muss einen Moment nachdenken, aber dann fällt ihr wieder ein, wie man es macht: ein Papierflugzeug falten.

Es fliegt nicht hoch und gerade weit genug, um es bis ins Wasser zu schaffen. Dort treibt es eine Weile hin und her. Hillary fällt ein, dass sie es George noch gar nicht erzählt hat: »Tessa Teuling ist tot.«

George muss sie das nicht erklären. »Gut, das ist gut«, sagt er und nickt ein wenig abwesend. Sie nippt an ihrem Drink und schaut dabei zu, wie sich das Papierflugzeug mit Wasser vollsaugt und langsam in die Tiefe sinkt.

25

Es gibt eine gute und zwei schlechte Neuigkeiten.

»Die gute zuerst«, bittet Jack.

Es ist Mittwochmorgen, gut 48 Stunden, nachdem sie Tessas Leiche gefunden haben. Der Regen hat aufgehört, nur der Asphalt ist noch nass. Die Detektive sitzen an Deck, eingemummelt in Wolldecken, und versuchen mit ihren Gesichtern die Sonnenstrahlen einzufangen, die sich anfühlen, als könnten sie die letzten in diesem Jahr sein.

»Morgen bekommen wir den Volvo zurück«, sagt Arie.

»Die Polizei glaubt also nicht mehr, dass ich Luuk ermordet und seine Leiche anschließend im Kofferraum aus der Stadt transportiert habe?«, folgert Maddie.

»Auf jeden Fall sind sie zu dem Schluss gelangt, dass sie es dir anhand des Autos nicht nachweisen können.«

»Wissen sie schon, woran Tessa gestorben ist?«, fragt Jan, während er auf dem Boden herumkriecht und einen kaum handtellergroßen gelben Ball über die Schiffsplanken rollt. Fru Gunilla sprintet hinterher, schubst den Ball mit der Nase zu Hund. Der blinzelt und dreht den Kopf weg. Sie mögen sich, das kleine Eichhörnchen und der große Neufundländer. Aber Spielkameraden werden sie wohl nicht.

»Sie gehen davon aus, dass Tessa einen Atemstillstand hatte – vierzehn bis fünfzehn Stunden, bevor wir sie gefunden haben. Ich habe heute Morgen mit Madelief Lokkerbol telefoniert.«

Jan lässt Fru Gunilla allein weiterspielen und setzt sich zu den anderen. »Bedeutet Atemstillstand, dass sie ertrunken ist?«

»Erst hat wohl ihre Atmung ausgesetzt, dann ist sie bewusstlos geworden und untergegangen.«

»Wieso setzt denn bei einer so jungen Frau plötzlich die Atmung aus? Würgemale hatte sie doch keine«, erinnert sich Jack.

»Ja, und auch sonst gab es keine Zeichen äußerer Gewaltanwendung. Theoretisch gibt es einige natürliche Auslöser: ein epileptischer Anfall, eine Thrombose, schwere Diabetes, ein paar Infektions- und Autoimmunerkrankungen, deren Namen ich schon wieder vergessen habe. In diesem Fall allerdings unwahrscheinlich. Tessa hatte keine bekannten Vorerkrankungen und war laut Madelief in Topform.«

»Was ist mit Gift?«, fragt Maddie. »Der gefleckte Schierling verursacht doch Atemstillstand. Vielleicht hat sie aus Versehen ein paar in den Salat getan. Oder jemand hat ihr vergiftetes Wildkräuterpesto geschenkt.«

Jack schaut sie schräg von der Seite an. »Hat Elin dir ihr Kräuterbuch vermacht?«

»Nee, ich habe im Geschichtsunterricht aufgepasst. Du weißt schon: Sokrates und der Schierlingsbecher.«

Jack sieht nicht so aus, als ob er das weiß. Aber Arie winkt sowieso ab. »Die meisten Gifte hätte man nachweisen können. Eine Ausnahme bildet allerdings die Gamma-Hydroxybuttersäure, besser bekannt als GHB oder schlicht als K.-o.-Tropfen. Hoch dosiert können die nämlich auch zu Atemstillstand führen. Leider lassen sie sich in Blut und Urin nicht länger als vier bis sechs Stunden nachweisen.«

»Und in den Haaren?«, fragt Jack.

»Schwierig, schon deshalb, weil GHB eine körpereigene Substanz ist, in geringen Mengen also sowieso in jedem Haar vorkommt. Regelmäßigen GHB-Konsum sieht man in einer Haarprobe relativ gut, eine einmalige Einnahme lässt sich aber nicht zweifelsfrei beweisen. Was den Atemstillstand ausgelöst hat, ist zum jetzigen Zeitpunkt also unbekannt. Auch bei der Suche nach Tessas Laptop ist man noch nicht weitergekommen, dafür haben die Jungs von der Technik ihr Telefon entsperrt. Da haben sie immerhin gesehen, dass sie uns tatsächlich am Sonntag angerufen hat. Ansonsten gab das aber nicht viel mehr her. Sie hat gelegentlich mit ihrem Chef gesprochen, manchmal mit ihrer Mutter und selten mit einer Lieke van der Wielen.«

»Lieke van der Wielen ist sicher ihre Freundin. Sie hat ja erzählt, dass sie nur die eine hat«, mutmaßt Maddie.

»Wir sollten Madelief Lokkerbol mal zum Essen einladen. Es ist verdammt nett von ihr, dass sie dich nach wie vor mit Informationen versorgt. Sie würde doch ihren Job verlieren, wenn das rauskommt«, sagt Jan.

»Das sollten wir«, stimmt Arie zu. »Wir haben wirklich Glück, dass sie mich mag und Wessel nicht. Außerdem gefällt ihr nicht, wie Wessel arbeitet. Und damit wären wir bei den schlechten Nachrichten. Maddie und jetzt eigentlich auch wir anderen gehören nämlich nach wir vor zu den

Hauptverdächtigen, auch wenn sie uns im Moment nichts nachweisen können.«

»Aber wenn wir Tessa umgebracht hätten, hätten wir doch wohl kaum die Polizei gerufen, sondern eher ihre Leiche entsorgt«, wendet Jack ein.

Arie streckt sich und gähnt. »Nicht unbedingt. Manchmal informieren Täter die Polizei, um gerade dadurch den Verdacht von sich abzulenken.«

Maddie schnaubt. »Tessas Verlobter hat sich mit falschen Papieren nach Peru davongemacht, sie kontaktiert uns wegen genau dieses Verlobten am Tag vor ihrem Tod, ihr Laptop ist spurlos verschwunden und ihr Chef taucht plötzlich auf der Bildfläche auf, um genau jenes Laptop mitzunehmen«, zählt Maddie auf. »Sollte man da nicht eher den Verlobten oder den Chef verdächtigen?«

»Dass Luuk in Peru ist, weiß die Polizei ja gar nicht«, wendet Arie ein. »Aber ansonsten gebe ich dir recht. Ich finde es auch verdächtig, dass ihr Laptop verschwunden ist und dann dieser Hugo Beekhof auftaucht, der sich übrigens bei der Befragung, laut Madelief, auch noch ziemlich zugeknöpft gegeben haben soll. Es ist aber auch möglich, dass er etwas gesagt hat, das ihn entlastet und dass die Kollegen diese Information Madelief vorenthalten haben. Das wäre auch ihr gutes Recht. Es ist ja auch eher ungewöhnlich, dass eine Rechtsmedizinerin nicht nur Leichen aufschneidet, sondern so viel über laufende Ermittlungen weiß.«

»Mein Bauchgefühl sagt, dass des Rätsels Lösung in diesem verschwundenen Laptop liegt«, sagt Maddie. »Ich verstehe nur nicht, welche Rolle Luuk in der ganzen Geschichte spielt.«

»Falls sein Verschwinden und Tessas Tod überhaupt zusammenhängen«, gibt Jan zu bedenken.

»Wir könnten es herausfinden«, sagt Maddie. »Am besten, bevor sie mich noch mal im Knast schlafen lassen.«

Eigentlich, denkt Arie, ist das genau das, was er jetzt braucht. Das Recherchieren, das Kopfzerbrechen über den Fall, das Adrenalin und das Jagdfieber, wenn man der Aufklärung näher kommt – das alles könnte möglicherweise genau die Ablenkung bringen, die verhindert, dass er immerfort an seinen Sohn denkt.

»Dieser Hugo hat gesagt, dass seine Firma *Deep Sea Treasures* heißt«, erinnert er sich und greift zum Telefon.

»Klingt nach Tauchurlaub«, findet Jan.

Arie scrollt auf der spärlichen Website des Unternehmens hin und her. »Tiefseebergbau«, sagt er schließlich. »Viel mehr als das und die Kontaktdaten stehen da nicht.«

Er schaut fragend in die Runde, Maddie tut es ihm gleich. »Tiefseebergbau?«

Jan weiß offenbar genau, wovon die Rede ist. »Tiefseebergbau ist das Letzte.«

»Wenn du es uns erklärst, können wir uns anschließend zusammen aufregen«, schlägt Maddie vor.

»Die wollen mineralische Rohstoffe vom Meeresboden aus 5000 Meter Tiefe holen, bislang geht es vor allem um den Abbau von Manganknollen. Die enthalten außer Mangan auch noch Nickel, Kobalt und andere Metalle.«

Arie findet ein Foto von Manganknollen und hält es in die Runde. Ein wenig erinnern die dunklen Gebilde an sehr große Trüffel. Genauso wertvoll sind sie aber nicht, lernen die Detektive gleich darauf: eine Knolle sei nur ein paar Cent wert, erst in Massen würde sich der Abbau ökonomisch lohnen. Potenzielle Abbaugebiete der Knollen, die in einer Million Jahren nur bis zu einem Zentimeter wachsen, gibt es einige. Sie liegen unter anderem vor der Westküste Mexikos, im Peru-Becken und im Indischen Ozean. Und der Abbau ist eine technische Herausforderung: Jahrelang gab es keine Kollektorfahrzeuge, die ausreichend Material einsammeln und gleichzeitig dem Druck der Tiefsee standhalten konnten. »Möglicherweise ist die Technik aber inzwischen weiter«, sagt Jan. »Ich habe nämlich neulich gelesen, dass in Kürze über die ersten Abbaulizenzen verhandelt werden soll. Und das, obwohl alle Studien darauf hindeuten, dass Tiefseebergbau riesige Lebensräume zerstört und unzählige Lebewesen vernichtet, die wir noch gar nicht kennen. Der Krach und der Dreck, die beim Abbau entstehen, stören die Meerestiere. Und noch etwas: In der Tiefsee sind riesige Mengen CO_2 gespeichert. Bislang weiß noch niemand, ob die beim Abbauprozess nicht freigesetzt würden.«

Arie hat Jan schon länger nicht so aufgebracht erlebt.

»Gibt es irgendetwas, das *für* den Tiefseebergbau spricht?«

Jack hält sein Smartphone hoch. »Das hier zum Beispiel. Aber auch Elektroautos, E-Scooter und überhaupt Elektronik aller Art. Solange wir solche feinen Geräte und die Energiewende wollen, brauchen wir seltene Erden. Von denen gibt es an Land aber nur begrenzte Mengen, und der Abbau in Minen ist ja auch nicht unproblematisch.«

»Umweltzerstörung, Kinderarbeit, politische Unruhen«, zählt Maddie auf.

»Genau.«

»Bist du etwa für den Tiefseebergbau?«, fragt Jan und

sieht so aus, als wäre das möglicherweise ein Grund, Jack die Freundschaft zu kündigen.

»Hey, kein Grund gleich sauer zu werden«, sagt Jack. »Ich bin für gar nichts, ich habe nur gesagt, wie es ist. Ohne Rohstoffe kein Elektrospielzeug und keine Energiewende.«

»Aber das ist doch Irrsinn: Wir versuchen den Klimawandel zu stoppen und die Welt zu retten, indem wir einen der letzten bislang unberührten Lebensbereiche auf diesem Planeten auch noch zerstören«, sagt Jan.

»*Life's a bitch*«, sagt Jack achselzuckend.

Jan rollt mit den Augen. »Es muss auch anders gehen. Dann müssen wir eben weniger konsumieren, Sachen länger benutzen, wieder mehr reparieren, Elektroschrott recyceln.«

»Unser alter Volvo ist da gar kein schlechter Anfang«, findet Arie.

Maddie reibt die Hände aneinander, um sie aufzuwärmen. Er sollte neuen heißen Kaffee machen, denkt Arie. »Hugo hat doch gesagt, dass sie gerade an einem wichtigen Projekt arbeiten. Könnte das so ein Abbauroboter sein?«

»Vielleicht geht es um Industriespionage. Ist im weitesten Sinne doch unser Spezialgebiet«, sagt Jack.

Industriespionage als ihr Spezialgebiet zu bezeichnen ist ein Witz. Grundsätzlich findet Arie den Gedanken aber gar nicht schlecht. »Du meinst, jemand von der Konkurrenz wollte an die Pläne des Abbauroboters von *Deep Sea Treasures* kommen, hat deshalb Tessa getötet und ihren Laptop gestohlen?«

»Laptop stehlen hätte in dem Fall doch schon gereicht«, findet Jan.

»Noch mal zurück zu Luuk«, wechselt Maddie das Thema. »Könnte seine Reise nach Peru irgendwie damit zusammenhängen, dass dort ein potenzielles Abbaugebiet für diese Manganknollen liegt?«

»Es würde uns für den Anfang schon helfen, wenn Hugo uns erzählt, an was genau Tessa gearbeitet hat«, sagt Jan.

»Wird er freiwillig vermutlich eher nicht tun«, sagt Arie.

Maddie grinst, als wäre ihr gerade etwas Gutes eingefallen.

Dann wird ihre Miene wieder ernst. »Du hast eben gesagt, du hättest zwei schlechte Nachrichten, Arie. Also eine ist, dass wir nach wie vor verdächtigt werden. Aber was ist die andere?«

»Ich habe jetzt schon länger nichts von Elin gehört.«

26

Elin sitzt vor einer Palme in Barranco, schaut auf den Pazifik und denkt, dass sie in den ersten Wochen nach der Gründung der Hausboot-Detektei besser weniger Miss-Marple- und dafür mehr James-Bond-Filme angeschaut hätten. Dann hätte Arie verstanden, dass Detektive ein paar gute Gadgets brauchen, um arbeiten zu können, und sie für diesen Auftrag besser ausgestattet. Im Moment würde ihr schon ein normaler GPS-Fahrzeugtracker weiterhelfen. Den könnte sie an diesem doofen Motorrad, das Luuk heute Morgen plötzlich gemietet hat, befestigen und ihm dann unauffällig mit dem Mietwagen folgen. Den hat sie immerhin schon, aber sie kann ja schlecht auf Sicht fahren, ohne dass Luuk denkt, er hätte die letzten Tage mit einer irren Stalkerin verbracht.

Nach der Nacht im Casino, in dem sie hundert Dollar verloren und Luuk 2000 Dollar gewonnen hat, hatten sie einen Bus nach Barranco genommen und in einer alten, zur Pension umgebauten Villa zwei Zimmer gemietet. Barranco ist das Künstlerviertel Limas, der Lichtblick einer düsteren Stadt. Die Häuser sind gelb, rot und grün gestrichen, hier gibt es Meeresbrise statt Autoabgase, Palmen, riesige Wandgemälde und den Blick auf das in der Sonne glitzernde Wasser. Fast haben sich die beiden letzten Tage angefühlt, als wäre das hier ein netter Vergnügungsurlaub und Luuk zwar keine heiße Urlaubsromanze, aber doch eine höchst unterhaltsame neue Bekanntschaft. Sie sind durch die Gassen gezogen und haben in Straßencafés marinierten rohen Fisch gegessen, Ceviche. Nur dass Luuk die ganze Zeit auf sein Handy schaute, als würde er auf irgendeine wichtige Nachricht warten, hatte die Ferienstimmung etwas getrübt. Auf ihre Fragen, was er in Peru denn eigentlich mache, hat er geantwortet: »Reisen, was sonst.« Über Tessa wollte er leider nicht mehr reden, dafür hat Luuk vom Surfen erzählt. Elin schlug vor, zwei Bretter zu leihen, aber er wollte nicht. »Im Moment ist mir das zu nass«, hat er gesagt, und Elin hat gedacht, dass sie den holländischen Humor wohl niemals so ganz begreifen wird. Sie hat sich dann allein ein Brett ausgeliehen und sich mutig in die Fluten geworfen. Konnte so schwierig ja nicht sein. War es dann aber doch. Nicht mal, weil sie sich fühlte wie eine Seekuh, die plötzlich am Broadway den Schwanensee tanzen sollte, sondern eher wegen dieser fiesen Strömung. Die packte sie samt Brett und zog sie aufs Meer hinaus. Sie schwamm dagegen, bewegte sich nur noch weiter vom Ufer weg, bekam schlaffe Arme und ziemlich viel Angst. Gerade im richtigen Moment tauchte Luuk mit einem Jetski neben ihr auf und reichte ihr die Hand. »Danke«, sagte sie.

»Gern geschehen«, sagte er und riet ihr, sich das nächste Mal einfach treiben zu lassen, bis die Rippströmung ihren Sog verlor. Erst dann solle sie versuchen seitlich rauszuschwimmen und sich dann von den Wellen zurück ans Ufer tragen lassen.

Wäre da nicht die Sache mit den gefälschten Papieren und der unschön verlassenen Verlobten gewesen, hätte Elin ihren Lebensretter für einen großartigen Typen gehalten. So wird sie nicht recht schlau aus ihm. Sie denkt an das letzte Update von Arie: Tessa tot in der Badewanne, Todesursache unklar, aber ihr Laptop ist verschwunden. Noch können sich die anderen Detektive keinen Reim darauf machen, sie auch nicht. Luuk hat von dem Vorfall offenbar keine Ahnung, jedenfalls lässt er sich nichts anmerken. Obwohl er gestern Abend kurz blass geworden ist, als er ebenfalls eine Nachricht bekommen hat.

»Salinas y Aguada Blanca«, hat er gemurmelt und dabei an den Kettenanhänger gefasst, den er die ganze Zeit unter seinem T-Shirt trägt. Ein Amulett, das ihm Glück bringen soll, vermutet Elin. Dann hat er verkündet, dass er morgen weiterziehen werde, um sich mit ein paar Freunden zu treffen. »Lamas kuscheln?«, hat Elin gefragt.

»Wieso Lamas?«

»Im Nationalpark Salinas y Aguada Blanca gibt es doch viele Lamas, oder nicht? Außerdem Alpakas und …«

Er hat den Kopf geschüttelt. »Nee, wir wollen wohl nach Máncora, die Stadt der Hippies und Surfer.«

»Klingt gut. Sollen wir uns einen Mietwagen teilen?«, hat sie gefragt und sich ein bisschen geschämt, weil das schon sehr anhänglich ist. Aber was tut man nicht alles für den Job.

Luuk wollte dann auch lieber allein mit dem Motorrad weiter. »Nichts für ungut, ich bin ein einsamer Wolf.«

Elin hat innerlich laut geseufzt und äußerlich ein nettes Gesicht gemacht, als sie ihn am Morgen zur Mietwagenfirma begleitet hat. Es gab nur noch einen Mietwagen, einen geländegängigen alten Toyota, den sie sofort nahm, und ein Motorrad, eine etwas klapprige Honda. Sie hätten großes Glück, sagte der Besitzer, dass sie überhaupt noch was bekämen. Während der Corona-Pandemie hatte er, wie viele seiner Kollegen, viele Fahrzeuge verkaufen müssen, um seinen Laden zu retten. Inzwischen seien die Touristen zwar zurück, doch die Preise für Gebrauchtwagen gingen durch die Decke. Und die Wartezeiten für Neuwagen seien immer noch lang, weil es für viele Einzelteile Lieferverzögerungen gebe.

Das war am Morgen. Inzwischen ist Elin schon abfahrtbereit, Luuk trägt seine Sachen gerade erst aus der Pension. »Kannst du kurz auf mein Gepäck aufpassen? Ich muss noch mal pinkeln gehen.«

Viel Gepäck hat er nicht: einen Rucksack, der noch ein Stück kleiner ist als ihrer, daneben steht eine Tasche mit spärlichem Proviant. Eine Tüte mit Chifles, frittierte und gesalzene Bananenscheiben, die Luuk auf dem Markt gekauft hat. Aguaje-Früchte, ein Sandwich und eine große Flasche Cola. Hat sie nicht mal irgendwo gehört, dass man einen Motor lahmlegen kann, wenn man Zucker in den Tank kippt? Elin hat wenig Ahnung von Motoren, aber es klingt plausibel. Zucker verklebt schließlich alles. Außerdem sind Motoren empfindlich, gehen schon kaputt, wenn man versehentlich Benzin statt Diesel tankt.

Ohne Motorrad säße Luuk hier erst einmal fest, jedenfalls wenn der Typ vom Mietwagenverleih die Wahrheit gesagt hatte. Und dann würde er vielleicht doch auf ihr Angebot zurückkommen, gemeinsam zu fahren, oder sie würde zumindest etwas Zeit gewinnen, sich etwas anderes Schlaues zu überlegen.

Elin denkt das alles sehr schnell. Sie denkt auch, dass sie in ihrem Leben schon einige solcher überstürzten Entschlüsse anschließend bereut hat, aber da hat ihre rechte Hand sich schon verselbständigt und zur Colaflasche gegriffen. Kein reiner Zucker, aber so gut wie. Sie schaut sich um: niemand zu sehen.

Es gluckert, als sie das Zeug in den Tank schüttet. Und es pocht, weil sie Angst hat, erwischt zu werden.

»Da bin ich wieder«, sagt Luuk plötzlich hinter ihr.

Aus dem Pochen werden Paukenschläge.

Geistesgegenwärtig hebt Elin die Flasche an ihre Lippen und dreht sich um. Sie nimmt vier große Schlucke, dann wischt sie sich mit dem Handrücken über die Lippen und rülpst laut.

Luuk schaut irritiert auf die leere Plastikflasche in ihrer Hand. »Du trinkst anderthalb Liter in drei Minuten?«

»Ich hatte Durst.« Elin denkt, dass das möglicherweise nicht überzeugend genug klingt und beschließt, die Geschichte ein wenig zu untermauern. »Meine Freunde haben mich früher manchmal Elin, das Kamel, genannt. Weil ich so viel auf einmal trinken kann. Aber ich kaufe dir gleich eine neue Flasche.«

Luuk fängt an zu lachen. »Elin, das Kamel.« Dann nimmt er den Rucksack und geht zur Maschine. »Geschenkt.«

Elin sieht, wie er in der Bewegung innehält, sein Blick geht zum roten Tank zwischen Sitzbank und Lenker. »Der Tankdeckel ist nicht richtig zu.«

Elin will ihrem Reflex folgen und wegrennen, aber dann fällt ihr ein, was ihre nordschwedische Mutter ihr über die Begegnung mit Bären beigebracht hat: Sich groß machen, ruhig und freundlich sprechen, langsam den Rückzug antreten, aber auf gar keinen Fall rennen. »Och«, sagt sie. »Tatsächlich.«

»Hat der Typ eben nach dem Tanken vermutlich nicht richtig zugemacht. Kein Wunder, so high wie der war.«

»Ich sollte mal nachschauen, ob bei meinem Wagen alles okay ist«, sagt Elin und findet, dass ihre Stimme wie die einer echten Verbrecherin klingt. Merkt Luuk zum Glück aber nicht. Er schnallt das Gepäck fest, gibt Elin zum Abschied drei Wangenküsschen und ein »War nett dich zu treffen«, setzt seinen Helm auf, steigt auf die Maschine und dreht den Zündschlüssel um.

Der Motor röhrt wie ein brünstiger Elch, Luuk hebt zum Abschied noch mal die Hand und fährt los. Fünf Sekunden später ist nichts mehr von ihm zu sehen.

Elin nimmt den Weg aus der Stadt. Nirgendwo ein Motorrad in Sicht, kein Luuk, der irgendwo schimpfend am Wegrand steht.

Wäre das nicht eine komplett gescheiterte Verfolgungsjagd, würde sich Elin über ihre Entdeckung freuen. Ist doch irre, dass ein Motorrad auch mit Cola fährt. Vielleicht sollten Arie und die anderen ihr neues altes Detekteiauto künftig damit befüllen.

Sie schaltet einen Gang runter und greift nach ihrem Telefon, um den Detektiven eine Sprachnachricht zu schicken. Wird sowieso mal wieder Zeit, sich zu melden. Das Smartphone brummt unwillig und zeigt einen roten Balken.

Das muss dann eben warten. Jetzt sollte sie sich sowieso lieber überlegen, in welche Richtung sie fährt.

Das Küstenstädtchen Mánorca liegt im Norden, Luuk hat gesagt, seine Freunde und er würden sich dort treffen. Möglicherweise hat er aber auch gelogen, was seine Freunde, aber auch was den Ort betrifft. Einem Bauchgefühl folgend biegt Elin auf die Straße Richtung Süden ab. Er wird doch »Salinas y Aguada Blanca« nicht umsonst gemurmelt haben. Außerdem besteht ein nicht unwesentliches Risiko, dass sie Luuk überhaupt nicht mehr findet und folglich viel freie Zeit hat. Und die würde sie eindeutig lieber mit den Lamas im peruanischen Hochland als mit Hippies an der Küste verbringen.

27

Hugo heult. Wegen der anstrengenden Befragung durch die Polizei, wegen Tessas Tod, weil es Haarausfall gibt und weil seine Mutter schon gestorben ist, als er noch ein kleiner Junge war. Vor allem aber heult er, weil er nun ganz ohne brauchbares Kollektorfahrzeug dasteht und *Deep Sea Treasures* unweigerlich den Bach hinuntergehen wird.

Floris reicht ihm ein Taschentuch. »In jeder Krise steckt eine Chance.«

Hugo tupft sich umständlich die Tränen ab und schnäuzt sich. »Wenn du gleich noch sagst, dass immer dann, wenn sich irgendwo eine Tür schließt, woanders ein Fenster aufgeht, muss ich leider in die Küche gehen und Geschirr kaputtschmeißen.«

»Da es so aussieht, als wäre ich derjenige, der dann neues kaufen muss, würde ich vorschlagen, dass du das lässt.«

»Blödmann«, sagt Hugo, muss aber lachen. Die zynische Version seines Mannes gefällt ihm eindeutig besser als die mit schwulstigen Lebensweisheiten. »Und? Was schlägst du noch so vor?«

Floris setzt sich in den Sessel neben ihn. Hugo erwartet, dass er ihn tröstet, ja, besser noch, dass er einen konkreten

Plan zur Rettung des Unternehmens aus der Tasche zaubert.

»Am besten gehst du heute mal früh ins Bett«, hört er stattdessen. Und das klingt auch nicht nach einer Einladung zum Kuscheln oder gar zum Sex. Floris legt ihm nicht mal eine Hand auf den Arm. Stattdessen zieht er eine Zeitschrift aus dem Korb.

»Das ist also dein Vorschlag? Ich soll *Deep Sea Treasures* retten, indem ich mehr schlafe?«

»Wer ausreichend schläft, kann besser denken. Sage ich meinen Schülern auch immer.« Hugo lacht auf, diesmal ungläubig.

Floris nimmt die Zeitschrift, steht auf und verschwindet im Schlafzimmer. Ganz offensichtlich will er sich nicht mehr mit seinen Problemen befassen. Ob er sauer ist, weil Hugo alles in den Sand setzt? Oder weil Hugo sich nie danach erkundigt, wie sein Tag war? Wenn die Sache überstanden ist, muss er dringend etwas für ihre Beziehung tun.

Hugo schaut hinaus aufs Ijmeer, das heute grau und bodenlos wirkt.

Fast fängt er wieder an zu weinen, da macht sein Smartphone leise »pling«.

»Komm her!«

Zwei Worte, ein Befehl und eine Welle plötzlicher, so lang erwarteter Hochstimmung.

Dreißig Minuten später läuft Hugo, gemeinsam mit ein paar anderen geilen Männern und sehr vielen neugierigen Touristen, durch die Rosse Buurt. Er hat geduscht und ist frisch gekämmt, trägt Jeans, T-Shirt und einen dicken Norwegerpullover, darunter einen Brustharness aus Leder und einen Windelslip aus Latex.

Kurz muss er an Floris denken, der jetzt zu Hause im Bett liegt und leise schnarcht. Das war ihm ganz recht, so hatte er ihn nicht mal anlügen müssen. Er will sich nicht vorstellen, was passieren würde, wenn Floris jemals von seiner heimlichen Leidenschaft erfährt.

Dabei haben sie sich sogar hier in der Rosse Buurt kennengelernt. Ein gemeinsamer Bekannter hatte zum Junggesellenabschied ins Casa Rosso geladen, einer dieser Läden, in den werdende Bräute und Bräutigame kostenlos reinkommen und bei der Live-Sexshow mitmachen können. Hugo hatte sich gelangweilt (zu heterosexuell, zu wenig BDSM), seinen Blick schweifen lassen und der hatte den von Floris getroffen. Der Rest war Geschichte.

Das Zimmer, in dem ihn die Mistress empfängt, ist kühl und dunkel. Der schwarze Vorhang in der Ecke bewegt sich ein wenig, so als stünde das dahinter liegende Fenster offen oder als ob sich dort ein heimlicher Zuschauer versteckt. An der Wand hängt eine Kollektion verschiedener Peitschen, Klammern, Zwingen und anderer Instrumente. Davor steht ein Käfig. Er sieht auch den Sklavenhocker, auf dem er besonders gerne sitzt. Aber natürlich ist es nicht an ihm, auszusuchen. Die Mistress entscheidet. Und die sieht heute besonders streng aus, so ganz in Schwarz. »Danke, dass du mich herbefohlen hast«, winselt er, geht vor ihr auf die Knie und will ihr zur Begrüßung die Stiefelspitzen küssen. Sie tritt ihm unwillig gegen sein Kinn. Nicht, dass es schlimm weh tut, aber die Geste ist doch schmerzhaft und demütigend genug, um ihn weiter anzumachen.

Zehn Minuten später ist er nackt, bis auf die Latexwindel, und hängt ziemlich verknotet einen Meter über der Erde am Bondageturm. »Das Verhör« nennt sie das Spiel, das sie heute spielen.

»Wenn ich durch mit dir bin, hast du mir all deine Geheimnisse verraten«, sagt sie und packt den Federkitzler aus.

Hugo glaubt, vor Erregung gleich ohnmächtig zu werden.

28

Ist es nicht komisch, dass der Himmel immer dann am schönsten aussieht, wenn ein höllisches Unwetter aufzieht? Im Moment leuchtet er in einem dunklen Lila, strahlt alles an, die Häuser, die Boote und die weizenstrohblonden Haare von Lieke van der Wielen.

Mächtige Wolken fliegen vorbei, rotten sich im Norden zu einem riesigen Gebirge zusammen. In der Ferne donnert es. Der Wind frischt auf, reißt den Bäumen die bunten Blätter raus und biegt ihre Äste. Wenn es so weitergeht, werden die ersten bald brechen.

Maddie mag die Herbststürme. Und sie liebt das Gefühl, an Bord der Lakshmi zu stehen, wenn diese schaukelt, als wäre sie ein alter Fischkutter, der gerade in See sticht.

Allerdings scheinen sie und Hund – der steht neben ihr, die Nase im Wind – die Einzigen zu sein, die Freude am wilden Wetter haben. Fru Gunilla hat sich verkrochen und die anderen zweibeinigen Mitglieder der Hausboot-Detektei richten ihre Aufmerksamkeit voll und ganz auf ihre Besucherin. Vor zehn Minuten ist Lieke van der Wielen hier aufgetaucht, seit etwa achteinhalb Minuten weint sie.

Maddie betrachtet Lieke, die trotz der Tränen aussieht, als wäre sie aus einer Hochglanzbroschüre des niederländischen Fremdenverkehrsamtes gesprungen. Ein rundes, ewigjunges Gesicht mit reizenden Sommersprossen, blond, ein draller, gesunder Körper. Sie trägt ein blau-weiß gemustertes Kleid mit tiefem Ausschnitt, und man kann sich gut vorstellen, wie sie barfuß und mit fliegenden Haaren durch ein blühendes Tulpenfeld läuft oder mit einem großen Gouda unterm Arm vor einer Mühle steht.

Da wäre sie auch mal besser geblieben, denkt Maddie, die eine spontane Abneigung spürt. Nicht ausgeschlossen, dass es daran liegt, dass Jack einen Arm um diese Lieke legt und ihr ein Taschentuch reicht. Körperkontakt mit möglichen Kunden – wie unprofessionell ist das denn? Und überhaupt, seit wann ist Jack eigentlich der große Empathiker?

»Lasst uns reingehen«, sagt Arie, als der erste Regentropfen auf Maddies Nasenspitze zerplatzt. Das geht nicht, denkt Maddie und versucht, Arie eine telepathische Nachricht zu schicken. Zwar hat sie Isas Vorhang dabei, aber aufgehängt hat sie ihn eben noch nicht. Und die Hausregeln sind doch inzwischen wirklich nicht mehr vorzeigbar. Arie beachtet Maddie nicht, möglicherweise ist er auch einfach unempfänglich für Telepathie.

In der Kombüse weint Lieke noch zwei Taschentücher und Jacks Sweatshirtärmel voll, während Arie Irish Coffee macht. In die blaue Besuchertasse, die einzige ohne Sprung und Verfärbungen, tut er einen extra Schuss aus der Flasche und einen extra Löffel Zucker. Immerhin sitzt Lieke so, dass die Hausregeln hinter ihr sind. Und tatsächlich schafft der Whiskey drei Minuten später, was Jack bis dahin nicht gelungen ist: Lieke so weit zu beruhigen, dass sie sprechen kann.

»Tessa war meine beste Freundin.«

Draußen wird der Himmel schwarz, Maddie steht auf und macht Licht an.

»Wie haben Sie es erfahren?«, fragt Arie.

»Von ihrer Mutter. Sie hat mich angerufen, um …« Tessa beendet den Satz nicht. »Es ist so schrecklich«, sagt sie stattdessen.

Das stimmt, denkt Maddie, aber das erklärt noch lange nicht, warum Lieke auf der Lakshmi ist.

»Womit können wir Ihnen helfen?«, fragt Arie.

Lieke kramt in ihrer Tasche, zieht eine Broschüre heraus und legt sie auf den Tisch. »Damit.«

Die Detektive beugen sich vor und starren einem Monster in die seltsam stumpfen Augen. Vor schwarzem Hintergrund scheint es sich auf sie zuzubewegen, sein überproportional großes Maul mit spitzen Fangzähnen ist weit aufgerissen, am Unterkiefer hängt etwas, das leuchtet und ansonsten aussieht wie die kleine Version des langen schlangenähnlichen Körpers.

»Ein Drachenfisch«, erklärt Lieke.

»Süß«, sagt Jack. Maddie wirft ihm einen Blick zu.

»Das sehen die meisten leider anders«, sagt Lieke.

Wir retten die Tiefsee steht über dem Fisch. Maddie blättert um und sieht einen Artikel über den Abbau von Manganknollen. Ihr geht ein Licht auf. »Geht es um Tessas Projekt?«

Am Vorabend stand Maddie versteckt hinter einem Vorhang, während Juanita Hugo Beekhof zum Reden gebracht hat. Wie sie im Vorfeld vermutet hatten, war Tessa für den Bau des Kollektorfahrzeuges für den Tiefseebergbau zuständig. Und weil Hugo nicht wirklich viele finanzielle Mittel zur Verfügung stehen, war sie nicht nur die beste, sondern auch die einzige zuständige Entwicklerin bei *Deep Sea Treasures*. Eigentlich sollte der Roboter mit dem schwachsinnigen Arbeitstitel Indiana Jones spätestens in zwei Wochen fertig werden, rechtzeitig vor den Gesprächen über die Abbaulizenzen im Peruanischen Becken. Aber dann wurde Tessa krank, Hugo bat einen renommierten Experten namens Dr. Frost, sich Tessas Baupläne für dieses Kollektorfahrzeug sowie ihren Prototyp mal anzuschauen, und erfuhr, dass es überhaupt kein funktionierendes Kollektorfahrzeug gab. Jedenfalls nicht bei *Deep Sea Treasures*. Hugo hatte gehofft, dass Tessa die echten Dokumente auf ihrem privaten Laptop hat. Er hatte vorgehabt, sie nett zu fragen oder, wenn das nicht half, mit einer Anzeige zu drohen, als er am Montag mit Blumen vor ihrer Tür stand.

Dass er etwas mit dem Verschwinden des Laptops oder gar mit dem Mord an Tessa zu tun hatte, stritt er hingegen rundweg ab.

»Wie hat Juanita das überhaupt alles rausgefunden?«, wollte Arie wissen, als Maddie ihre Erkenntnisse mit den anderen Detektiven teilte.

»Durch ihren Job«, hatte Maddie vage geantwortet. »Sagen wir es mal so: Sie hat die Infos aus ihm herausgekitzelt.«

»Vielleicht könnte sie bei uns anfangen«, sagte Arie und

Maddie antwortete, dass sie das weitergeben würde. Immerhin brauchte Juanita einen neuen Nebenjob.

»Fertig«, hat sie nach dem Treffen mit Hugo nämlich gesagt, ihre gesamte Ausrüstung in große Tüten gepackt und einer Kollegin geschenkt.

»Es geht um die Rettung der Tiefsee«, sagt Lieke und erzählt, dass sie zwar eine Halbtagsstelle als Dozentin für Chemie hat, ihr Herz aber für den Arten- und Umweltschutz schlägt. »Tessa und ich haben uns gestritten, als sie vor einem Jahr den Job bei Hugo Beekhof angenommen hat, hatten sogar monatelang Funkstille«, gibt Lieke zu. »Natürlich konnte ich auch Tessas Argumente nachvollziehen. In der Tiefsee lagern wertvolle Rohstoffe wie Kobalt, Nickel, Kupfer und seltene Erden, die wir eben benötigen, wenn wir die Energiewende und fortschreitende Digitalisierung der Welt stemmen wollen.«

»Seltene Erden?«, fragt Arie.

»Das sind siebzehn relativ weiche Metalle, dazu gehören zum Beispiel Scandium, Cer, Praseodym und Yttrium. Die meisten großen Lagerstätten sind aktuell noch in China, und genau das stellt ein Problem dar. Einmal, weil China dadurch die Preise vorgeben und auch über die Verfügbarkeit bestimmen kann. Zum anderen haben die vergangenen Jahre mehr als deutlich gezeigt, wohin Abhängigkeit von totalitären Staaten führen kann.«

»Und der Tiefseebergbau könnte diese Abhängigkeit zumindest zum Teil beenden«, führt Jack den Gedankengang fort. »Aber das bleibt eine Wahl zwischen Teufel und hoher See.«

»Zwischen Pest und Cholera«, verbessert Maddie automatisch. Jacks Niederländisch ist inzwischen nahezu fehlerfrei, aber das mit den Redewendungen geht manchmal schief.

»Richtig. Und das hat Tessa am Ende auch eingesehen.«

Arie leert seine Tasse. Er sieht aus, als wolle er gleich noch einen Irish Coffee haben, alternativ Whiskey pur. Statt zur Flasche zu greifen, räuspert er sich dann aber. »Ich begreife immer noch nicht, was *wir* für Sie tun können.«

»Es gibt eine Alternative«, sagt Lieke. »Recycling von Elektroschrott mit Hilfe von Biotechnologie. Dazu nutzt man Viren, die eigentlich Bakterien befallen, die sogenannten Bakteriophagen. Für die Grundidee wurden George Smith und Greg Winter 2018 mit dem Chemie-Nobelpreis geehrt. Sie haben Bibliotheken angelegt, in denen die Peptiden …«

Maddie unterbricht sie, indem sie die Hand hebt. »Ich habe Chemie oft geschwänzt.«

Lieke erklärt es noch mal für Dummies. Maddie versteht, dass die Eiweiße der Bakteriophagen so ähnlich wie winzige Angeln funktionieren. An deren Enden docken verschiedene Elemente an. So kann man seltene Erden, aber auch Gold oder Kupfer aus komplexen Gemischen relativ einfach lösen. Entwickelt wurde die Methode in Deutschland.

»Und warum recycelt man dann nicht einfach den ganzen Elektroschrott, der auf den Müllhalden rumliegt?«, wundert sich Maddie.

»Weil die Methode bislang zwar schon im Labor funktioniert hat, aber noch nicht im großen Maßstab«, sagt Lieke.

»Bislang?«, fragt Jack.

»Ich hatte eine bahnbrechende Idee, die Tessa sofort überzeugt hat«, beginnt Lieke. Dann folgt ein komplizierter Vortrag über irgendwas mit den Bakteriophagen und möglicherweise auch mit Pilzen. Maddie fühlt sich, als sei sie zurück im Chemieunterricht von Dr. Janssen. Da hat sie sich mangels Verständnisses auch schon immer weggeträumt – falls sie denn überhaupt anwesend war.

»Kurz gesagt heißt das also: Mit dieser Methode könnte das Recycling jetzt im großen Maßstab funktionieren?«, fasst Arie schließlich zusammen.

»Richtig.«

Arie reibt sein Ohrläppchen. »Ich verstehe immer noch nicht, warum …«

»Warum ich hier bin? Weil die Forschungsarbeit, die Tessa dazu geschrieben hat, weg ist.«

»Industriespionage, hab ich doch gesagt«, sagt Jack.

»Wie, weg?«, fragt Arie.

»Weg, verschwunden, geklaut – wie auch immer Sie es nennen wollen.«

»War die Datei auf dem Laptop?«, fragt Maddie.

»Das auch, aber sie hatte eine Sicherheitskopie auf einem USB-Stick und in der Cloud. Ich habe keine Ahnung, was genau passiert ist, aber sie hat immer wieder gesagt: Die Datei ist weg, überall weg.«

»Wann hat Sie Ihnen das gesagt?«, will Arie wissen.

»Am Sonntagvormittag, wir haben telefoniert. Ich war den ganzen Tag in Rotterdam und habe Bäume gepflanzt und konnte deshalb nicht gleich zu ihr. Ehrlich gesagt war ich auch nicht sicher, ob ich es ernst nehmen sollte. Wie soll denn eine Datei überall gleichzeitig verschwinden? Ich habe geglaubt oder vielleicht auch gehofft, sie wäre wegen Luuks Verschwinden so gestresst, dass sie ein Passwort falsch eingegeben hat oder so. Sie hat mir auch erzählt, dass sie Sie um Hilfe bitten wollte. Und dann war sie einen Tag später tot.« Lieke bedeckt das Gesicht mit ihren Händen. »Ich mache mir solche Vorwürfe. Wäre ich sofort zu ihr gefahren, wäre ich bei ihr gewesen, hätte ich vielleicht einen Krankenwagen rufen und so ihren Tod verhindern können.«

Möglicherweise wäre Lieke aber auch gleich mit umgebracht worden, denkt Maddie. Die Frau ahnt offensichtlich nicht, dass ihre Freundin möglicherweise keines natürlichen Todes gestorben ist.

»Wer wusste alles von dieser Forschungsarbeit?«, will Arie wissen.

»Ich natürlich. Außerdem Luuk. Hugo wohl eher nicht – der wäre doch völlig ausgeflippt, hätte er erfahren, dass sie ihn so hintergangen hat.«

»Haben Sie mit jemandem außer mit Tessa über die Sache geredet?«, fragt Arie.

Lieke verneint.

»Und Sie haben keine Sicherheitskopie?«, fragt Jack.

Wieder Kopfschütteln. »Es war meine Idee, aber sie hat das Aufschreiben übernommen. Im Nachhinein betrachtet eine bescheuerte Idee.«

»Allerdings«, kommentiert Jack.

»Natürlich könnte ich die Abhandlung theoretisch noch einmal neu schreiben, aber das würde Monate dauern.«

»Tessa hat also ein sehr gefährliches Spiel gespielt«, sagt

Arie. »Denn wenn ich es richtig verstehe, würde eine Veröffentlichung dieser Forschungsarbeit das Ende von *Deep Sea Treasures* und ähnlichen Unternehmen bedeuten. Niemand bei Verstand würde ein Verfahren bewilligen, das so viele Nachteile mit sich bringt, wenn es eine einfache und günstige Alternative gibt. Hat Tessa Ihnen gegenüber einen Verdacht geäußert, wer die Datei gestohlen haben könnte?«

»Nein, sie wollte das nicht am Telefon besprechen. Wir hätten uns am Montagnachmittag sowieso getroffen. Ich wollte ihr beim Korrekturlesen der Forschungsarbeit helfen.«

»Schlimmer als tot«, sagt Maddie.

Lieke sieht sie entgeistert an, aber die anderen Detektive verstehen sofort, worauf sie hinauswill.

»Das waren Tessas Worte am Sonntag, es ging um Luuk. Sie hatte etwas über ihn herausgefunden, was genau, wollte sie uns leider erst am Montag mitteilen.«

Liekes Augen weiten sich. »Könnte Luuk?« Sie schüttelt den Kopf. »Ich mochte ihn nie besonders, aber das traue ich ihm eigentlich nicht zu. Schon, weil er von der Materie keine Ahnung hat. Er ist Veranstalter, was soll er mit einem Recyclingverfahren anfangen?«

»An eine Firma verkaufen, die sich für Recycling im großen Stil interessiert«, schlägt Jack vor. »Oder sich von einem der Tiefseebergbau-Unternehmen für die Nicht-Veröffentlichung bezahlen lassen.«

Lieke wird ein bisschen blasser. »Das wäre schrecklich.«

»Nur verstehe ich immer noch nicht, was Luuk in Peru macht«, sagt Jan. »Das Konkurrenzunternehmen *Blue Mining* sitzt doch in L. A.?«

»Peru?« Lieke sieht ratlos von einem zum anderen.

»Dorthin hat er sich wohl abgesetzt, wir vermuten, dass er als Tom Jonker unterwegs ist«, sagt Arie.

»Wusste Tessa davon? Mir hat sie davon nichts gesagt.«

Arie zuckt mit den Schultern. »Möglicherweise hat sie es kurz vor ihrem Tod irgendwie herausgefunden, möglicherweise aber auch nicht.«

Lieke überlegt. »Das Einzige, was mir zu Peru einfällt, ist, dass im Peruanischen Becken ziemlich große Manganknollen-Vorkommen entdeckt wurden. Wenn ich Tessa richtig verstanden habe, wollte *Deep Sea Treasures* in zwei Wochen genau für diese Tiefseezone die Abbaulizenz an Land ziehen.«

»Wie viel glauben Sie, ist Tessas Forschungsarbeit wert?«, will Arie wissen.

»Für das Ökosystem der Tiefsee sowie für die Wissenschaft ist der Wert unermesslich. Was ein Unternehmen, das das Verfahren anwenden will, dafür ausgeben würde, ist schwer zu sagen. Einige Hunderttausend, vielleicht sogar Millionen.«

Jan nimmt einen Apfel von der Anrichte, schält ihn und schneidet ihn in kleine Stückchen. Fru Gunilla schaut ihm so gebannt zu, als führe er gleich einen Zaubertrick vor.

»Mal angenommen, Luuk ist wirklich der, der Tessas Forschungsarbeit gestohlen hat, um sie irgendjemandem zu verkaufen. Er hat die Datei kopiert und anschließend auf ihren Devices gelöscht, so schwer ist das ja nicht, wenn man in derselben Wohnung lebt. Das würde erklären, warum er sich unter falschem Namen ans andere Ende der Welt abgesetzt hat. Es erklärt aber noch nicht, wer am Montag in Tessas Wohnung war und ihren Laptop entwendet hat. Denn Luuk war da schon in Peru und hätte dazu dann ja auch keinen Grund mehr gehabt.«

»Jemand hat ihren Laptop gestohlen?«, ruft Lieke aus. Klar, denkt Maddie, das wusste sie natürlich auch noch nicht.

»Möglicherweise hat jemand sie auch umgebracht«, sagt Jack.

»Umgebracht?«, schreit Lieke entsetzt auf.

Arie hebt die Hände. »Wir wissen nicht, woran Tessa gestorben ist. Aber dass es Fremdverschulden war, kann man zum jetzigen Zeitpunkt jedenfalls nicht ausschließen.«

Arie tippt etwas auf seinem Smartphone. Er hält es ans Ohr. »Mist«, sagt er wenig später. »Ich bekomme nur die Voicemail.«

»Sie hat schon früher immer vergessen, ihr Handy aufzuladen. Oder ihr Ladekabel verschlampt«, sagt Jan, während er seinem Eichhörnchen auf flacher Hand Apfelstückchen reicht. Es klingt, als wolle er Arie und sich beruhigen, laut der Falte zwischen seinen Augenbrauen funktioniert das aber nicht besonders gut.

»Wer verschlampt das Ladekabel?«, will Lieke wissen.

»Da ich verdächtigt werde, für Luuks Verschwinden verantwortlich zu sein, haben wir ihm eine Kollegin hinterhergeschickt, die herausfinden soll, was er in Peru macht«, sagt Maddie. »Vermutlich eine ziemlich blöde Idee von uns.«

Arie steht auf und tigert nervös hin und her. Weil auf einem Hausboot, und ganz besonders auf einem, auf dem sich gerade fünf Menschen, ein Neufundländer und ein Eichhörnchen aufhalten, naturgemäß wenig Platz ist, sieht das ein wenig so aus wie bei einem Tanzbären auf der heißen Platte. Hund denkt, es sei ein neues Spiel und hüpft Arie vor die Füße.

Lieke kaut auf ihrer Unterlippe. Schließlich sagt sie: »Ich finde, wir sollten auch nach Peru fliegen.«

»Wir?«, fragt Jack nach.

»Ich und vielleicht noch ein oder zwei Leute von euch.« Maddie entgeht nicht, dass Lieke zum Du gewechselt ist und Jack mit einem Du-kannst-gerne-einer-dieser-Leute-sein-Blick bedenkt.

»Ich will die Forschungsarbeit zurück. Das bin ich Tessa schuldig. Und ihr wollt sicher sein, dass eurer Kollegin nichts passiert.«

Stimmt, denkt Maddie, auch wenn sie es ein wenig merkwürdig findet, dass die offensichtlich sehr umweltbewusste Lieke gleich mit drei Leuten ans andere Ende der Welt fliegen will. Passieren wird es wohl eh nicht: Soweit sie weiß, hat keiner der Detektive genug Geld für ein Ticket. Als könne sie Gedanken lesen, sagt Lieke: »Selbstverständlich würde ich die Reisekosten übernehmen.«

Arie setzt sich wieder an den Tisch.

Jan fragt: »Aber wie soll das praktisch funktionieren? Luuk wird uns Tessas Forschungsarbeit kaum freiwillig geben. Und wie sollen wir ihn überhaupt finden, wenn wir Elin nicht mehr erreichen?«

»Wir haben doch noch die Visitenkarte mit Tom Jonkers

E-Mail-Adresse. Das wäre immerhin eine Möglichkeit, ihn zu kontaktieren.«

Maddie schwirrt der Kopf. Sie versucht, die Informationen der letzten Stunde zu ordnen. Tessa hat also nicht nur an einem Kollektorfahrzeug für *Deep Sea Treasures* gearbeitet, sondern gleichzeitig an einem komplizierten Recyclingverfahren, das ihrem Arbeitgeber bei Veröffentlichung die Existenzgrundlage entziehen würde. Jetzt ist Tessa tot und die Pläne für das Recyclingverfahren sind verschwunden. Vermutlich zusammen mit Luuk, der sie in Peru an wen auch immer verhökern will. Und falls Tessa tatsächlich getötet und ihr Laptop gestohlen wurde, ist Luuk nicht der Einzige, der hinter den Plänen her ist. Könnte Hugo dahinterstecken? Und schwebt Elin wirklich in Gefahr? Und wer von ihnen soll eigentlich zusammen mit Lieke nach Peru fliegen?

Sie nicht, sie kann Isa nicht schon wieder allein lassen.

Beim Gedanken an ihre Schwester fällt ihr der Vorhang wieder ein. Sie klettert hinter Jans Rücken vorbei von der Küchenbank, nimmt den Vorhang aus ihrem Rucksack und befestigt ihn blitzschnell mit vier Magneten über dem Whiteboard. Nicht die eleganteste Lösung, aber sie erfüllt ihren Zweck. Und gut sieht es allein wegen Isas Zeichnung aus. Mit schwarzem Stoffstift hat sie auf die helle Baumwolle die Amsterdamer Skyline gezeichnet. Oben rechts sitzt ein Eichhörnchen auf einem Ast, unten in der Gracht liegt die Lakshmi. *Die Hausboot-Detektei* steht da auch noch – Maddie hat es vorgeschrieben und Isa hat die Worte

Buchstabe für Buchstabe abgemalt. In der unteren Ecke ist ihre Signatur: *Coole Chica*.

Lieke dreht sich zu ihr um. »Das sieht toll aus.«

»Hat meine Schwester bemalt. Mein T-Shirt auch.« Maddie deutet auf das wilde bunte Blättermuster auf ihrem langärmligen Shirt.

»Verkauft deine Schwester auch Sachen?«

Maddie nickt und freut sich. Isa wird sich überschlagen, wenn sie etwas an jemand anderen als an ein Mitglied der Hausboot-Detektei verkaufen könnte.

Aber nicht jetzt. Jetzt müssen sie erst einmal den Fall abschließen. Sie streichelt Hund über den großen Kopf, dann setzt sie sich wieder zu den anderen. »Wir brauchen einen guten Plan.«

29

Mitten in der Einöde knattert die Karre plötzlich los, als wäre sie ein wildgewordenes Maschinengewehr. Dann geht der Motor aus. Luuk dreht den Schlüssel noch mal um, aber mehr als röcheln kann sie da schon nicht mehr.

»*Hello? My motorbike broke*«, brüllt er kurz darauf ins Telefon.

Der Mann vom Mietwagenverleih schreit etwas auf Spanisch zurück. Luuk versteht kein Spanisch, aber es klingt weder nach »Das tut mir schrecklich leid« noch nach »Machen Sie sich keine Sorgen, wir bringen Ihnen schnell Ersatz«.

Am Horizont taucht ein Bus auf. Luuk hält den Daumen raus und lächelt so charmant wie das eben geht, wenn man gerade gestrandet ist. Sekunden später schluckt er Staub. Der Bus fährt vorbei. Mist, denkt er, und hustet. Vielleicht gibt es in der Nähe einen anderen Motorradverleih? Er schaut noch mal auf sein Handy: neue Nachricht für Tom Jonker. Hoffentlich wollen die sich nicht früher mit ihm treffen. Er weiß so schon nicht, ob er es rechtzeitig schafft.

Er öffnet sein Postfach und sieht, dass er den Absender nicht kennt: *jack@deepseatreasures.com*, Betreff: Deal.

Er setzt sich an den Straßenrand, öffnet die Mail und liest. Dieser Jack schreibt, dass er im Einkauf des Unternehmens *Deep Sea Treasures* arbeitet und erfahren habe, dass Tom im Besitz von Plänen für ein neues Recyclingverfahren sei und sich noch dazu gerade in Peru befinde. *Deep Sea Treasures* würde ihm die Pläne gerne abkaufen. Jack sei aus geschäftlichen Gründen in den kommenden Tagen ebenfalls in Südamerika und würde sich freuen, wenn man sich so schnell wie möglich treffen könne.

Luuk lässt das Handy sinken. Wie hat *Deep Sea Treasures* von der Forschungsarbeit erfahren? Von Tessa wohl kaum, die hatte sich ja fast in die Hose gemacht bei dem Gedanken daran, wie Hugo auf ihren Verrat reagieren würde. Er selbst hatte kurz mit der Idee gespielt, die Forschungsarbeit *Deep Sea Treasures* statt *Blue Mining* anzubieten – wäre ja immerhin gleich um die Ecke gewesen. Dann hatte er den Gedanken wieder verworfen: Hugo hat ihn einmal auf einer Weihnachtsfeier getroffen, es hätte nicht funktioniert, sich als der Wissenschaftler Tom Jonker auszugeben.

Wer ist dieser Jack überhaupt? Und woher sollte er wissen, dass er in Peru ist? Tessa hat immer nur von Hugo erzählt, einen Jack hat sie nie erwähnt. Steckt in Wahrheit sie hinter der E-Mail? Stellt sie ihm eine Falle, um so ihre Forschungsarbeit zurückzubekommen? Luuk geht auf die Website von *Deep Sea Treasures*. Da gibt es zwar eine Seite »Über uns«, aber da steht nur, dass sich das Unternehmen technologischen Innovationen und der Energiewende verschrieben hat, nicht, wer bei ihnen arbeitet. Er überprüft, dass seine Ruferkennung unterdrückt ist, dann wählt er die

Nummer der *Deep-Sea-Treasures*-Zentrale in Amsterdam. Niemand meldet sich, ist ja auch schon nach Feierabend. Er wählt die Handynummer, die in der E-Mail-Signatur von diesem Jack steht – immerhin eine holländische Vorwahl, das stimmt also. Er erreicht aber auch hier nur die Mailbox.

Eine zweite E-Mail taucht in seinem Postfach auf, diesmal im alten, unter seinem richtigen Namen. Sie ist von Anne, Tessas nerviger Mutter. Sie schreibt, sie wisse nicht, was vorgefallen sei und warum sie ihn nicht erreichen könne, aber er hätte die traurige Nachricht sicher schon gehört. Im Anhang ist eine Einladung zu Tessas Beerdigung.

Die nächsten Minuten sitzt Luuk am staubigen Straßenrand, mit dem Telefon in der Hand, als wäre er Hauptdarsteller in einem Märchen und gerade zur Salzsäule erstarrt. Nur in ihm drin, da überschlägt sich alles. Tessa ist tot. Wie kann das sein? Gerade war sie doch noch in Lima und hat nach ihm gesucht. Ob sie einen Unfall hatte?

Es dauert zehn, vielleicht auch zwanzig Minuten, bevor Luuk aufgeht, dass Tessas Tod durchaus Vorteile für ihn hat. Einmal muss er sich keine Sorgen mehr machen, dass sie ihn in Peru aufspürt. Zum anderen bedeutet das wohl, dass diese E-Mail von *Deep Sea Treasures* echt ist. Denn wenn Tessa tot ist, kann sie ihm kaum eine Falle gestellt haben. Die Frage bleibt, woher *Deep Sea Treasures* von der Forschungsarbeit weiß. Außer Tessa und ihm war doch niemand eingeweiht. Außer – natürlich! Tessa hatte es sicher der missgünstigen Lieke erzählt. Also erst, dass es diese Forschungsarbeit überhaupt gab und dann, dass er sich mit ihr davon gemacht hatte. Hatte Lieke Tessas Arbeitgeber informiert, um der Freundin eins auszuwischen? Sicher, sie tat immer so, als ob es ihr allein um die Umwelt ging. Aber Luuk hatte schon lange den Verdacht, dass es Lieke vor allem um Lieke ging. In diesem Punkt waren Tessas Freundin und er sich vielleicht gar nicht mal unähnlich. Gemocht hatten sie sich trotzdem nie.

Jetzt spielt das sowieso keine Rolle mehr. Wichtig ist, dass *Blue Mining* ihm in wenigen Tagen zwei Millionen übergeben wird. Dafür bekommen sie Tessas Forschungsarbeit und werden sie vernichten. Aber was spricht eigentlich dagegen, dass er die Forschungsarbeit gleich zweimal verkauft? Schließlich kann es auch nicht im Interesse von *Deep Sea Treasures* sein, wenn die Leute erfahren, dass ihre alten Batterien und anderer Elektroschrott einfach recycelt werden könnten, statt für viel Geld den Meeresboden umzupflügen und ihn zu zerstören.

Ein oder zwei Millionen mehr würden nicht schaden. Vor seinem inneren Auge erscheint eine Traumvilla am Strand mit weitläufiger Parkanlage. Wenn er es schlau anstellte, würde er die nächsten Jahre keinen Finger krumm machen müssen.

Er schreibt diesem Jack zurück. Immerhin hat er als Veranstalter gelernt zu organisieren, auch unter Zeitdruck. Und organisieren muss er jetzt: Er findet besser schnell irgendeine Hütte, in der er sich mit diesem Jack treffen kann. Und er braucht einen zweiten USB-Stick und ein Internetcafé, um die Forschungsarbeit zu kopieren. Aber als Allererstes muss ein fahrbarer Untersatz her.

Es dauert noch eine gute halbe Stunde, bis am Horizont wieder ein Auto auftaucht. Luuk hält den Daumen raus. »Yes«, denkt er, als er sieht, wie der alte Toyota langsamer wird. Am Steuer sitzt eine Frau mit Hut und großer Sonnenbrille.

»Sieht so aus, als brauchte der einsame Wolf eine Mitfahrgelegenheit«, sagt sie mit einer belustigten Stimme, die Luuk möglicherweise wütend machen würde, wenn sie ihm nicht so bekannt wäre. Elin, diese etwas schusselige Schwedin, sie bringt ihm eindeutig Glück. Erst hat er an ihrer Seite ordentlich Geld beim Pokern gewonnen und jetzt befreit sie ihn aus einer ziemlich misslichen Lage. Vielleicht kann er sie bitten, ihn zu dem Treffen mit diesem Jack zu begleiten. Aber ein verrückter Zufall ist es schon. Findet sie offenbar auch.

»Wolltest du nicht Richtung Norden an die Küste?«

»Meinung geändert. Statt Freunde zu treffen, habe ich übermorgen eine spontane Verabredung mit einem Geschäftspartner. Und du?«

»Verabredung mit einem Lama, aber vorher muss ich noch irgendwo in ein Café. Pinkeln, trinken und das Handy aufladen«, sagt Elin und öffnet von innen die Beifahrertür.

Eine halbe Stunde später sitzen sie in einem Café am Straßenrand, auf gelben Plastikstühlen, die am Hintern kleben. Elin nippt an einer lauwarmen Cola.

»Jetzt hast du aber keinen besonders großen Durst«, feixt er.

Sie setzt eine vornehme Miene auf und spreizt den kleinen Finger ab. »In kleinen Schlucken vom Kamel zur Dame.«

Ihr Telefon piept. Sie stellt die Flasche ab, schaut auf das Display, bewegt die Lippen, dann sagt sie leise »oha« und wirft ihm einen Blick zu, den er nicht richtig deuten kann. »Oha?«

Sie reagiert nicht sofort, tippt etwas und schüttelt dann frustriert den Kopf. »Warum kann ich denn keine Antwort schicken?«

»Vielleicht ein WhatsApp-Problem, das Netz ist hier auch nicht ganz zuverlässig. Soll ich mal schauen?«

Elin schiebt das Telefon zur Seite. »Nicht so wichtig.«

Dann schaut sie ihn an. »Wusstest du, dass es im Salinas y Aguada Blanca nicht nur Lamas und Alpakas, sondern auch Vicuña und Guanaco gibt?«

»Hä?«

»Neuweltkameliden, die Wildformen«, erklärt Elin.

»Solange die nicht beißen.«

»Die spucken höchstens.«

Luuk schaut auf die Karte in seinem Telefon. Er hat keine Ahnung, warum die Leute von *Blue Mining* ihn ausgerechnet im Salinas y Aguada Blanca Nationalpark treffen wollen. Soweit er sehen kann, eine karge Hochebene am Ende der Welt. Die schicke Lobby eines Strandhotels wäre doch auch okay gewesen. Aber sei es drum. Er muss bloß verhindern, dass die von *Blue Mining* und dieser Jack von *Deep Sea Treasures* sich über den Weg laufen.

»Wir fahren sowieso durch Arequipa«, stellt er fest. »Bestimmt haben die da einen Computerladen. Ich brauche noch einen USB-Stick.«

Elin legt Geld auf den Tisch und steht auf. »Wenn es einen gibt, werden wir ihn finden.«

30

Zwei Tage später, in einer Hütte am Rande des Salinas y Aguada Blanca. Im Ofen brennt seit einer halben Stunde ein Feuer, trotzdem ist es noch so kalt und klamm wie auf der Lakshmi in heizölfreien Zeiten. Durchs Fenster und einen Vorhang aus Regen sieht Arie gelb-grau schattierte Felsformationen, Sand und einzelne zähe Grasbüschel.

In der Ferne kann er die Silhouette des Picchu Picchu erahnen, vielleicht ist es aber auch ein Wolkenturm. Ansonsten: nichts. Keine Vögel, für die die Gegend so bekannt ist, keine Menschen, keine Autos. Drei Lamas haben sie immerhin gesehen. Sie drücken sich an die Westseite der Hütte, zum Schutz vor den eisigen Böen, die mit Regen und Hagel über das Land peitschen. Laut Lieke kommt der Wind aus Bolivien und wird *haladas* genannt. Sie weiß viel, diese Lieke. Hoffentlich auch, wie man bei diesen Temperaturen in einem nicht geheizten Mietwagen warm bleibt. Da nämlich ist sie verkabelt, um mitzuhören und gegebenenfalls als Überraschungsgast aufzutauchen oder um notfalls die Polizei zu alarmieren. Falls Luuk tatsächlich hier auftaucht. »Alles in Ordnung, Lieke?«, fragt Arie.

»Alles in Ordnung«, sagt Lieke in seinem Ohr.

Arie kann kaum glauben, dass es gerade mal drei Tage her ist, dass Lieke auf der Lakshmi aufgetaucht ist. Sie hatten bestimmt, dass Jack und er sie nach Peru begleiten würden. Jack, weil er sowieso dringend mal raus wollte, und er, weil er als Expolizist die meiste Erfahrung im Umgang mit Kriminellen und gefährlichen Situationen mitbringt und ebenfalls dachte, ein bisschen Ablenkung könne ihm nur guttun. Jetzt wünscht er sich weit weg – auf sein Hausboot zu Hund, der in seiner Abwesenheit bei Jan wohnt. Oder nach Ägypten. In Ägypten scheint die Sonne, in Ägypten ist Matts. Arie hofft so sehr, dass es seinem Sohn gut geht, dass es weh tut.

In diesem Moment sorgt er sich nicht nur um Matts, sondern auch um Elin. Sie hatten ihr noch ein Update mit der Zusammenfassung der letzten Ermittlungsergebnisse geschickt, hatten geschrieben, sie seien auf dem Weg nach Peru, wo sie hoffentlich Luuk treffen würden, dem sie eine Falle gestellt hätten. Und wo sie sei, sie würden sich Sorgen machen. Die Nachricht wurde gelesen. Sonst: nichts. Zum hundertsten Mal an diesem Tag schaut er auf sein Telefon, merkt, dass er im Moment gar keinen Empfang hat und flucht leise.

»Ich glaube nicht, dass ihr etwas passiert ist«, flüstert Jack. Manchmal beneidet Arie ihn um seine Zuversicht.

Jack war es auch, der die Idee hatte, sich als Mitarbeiter von *Deep Sea Treasures* auszugeben. Er hat sogar eine Firmen-E-Mail-Adresse eingerichtet. Hätte Luuk genauer hingeschaut, hätte er gemerkt, dass in der Adresszeile zwar *jack@deepseatreasures.com* steht, die E-Mail aber eigentlich von der Domain *deepseatreasures.org* verschickt wurde. Ein Uralt-Trick der Spamer, auf den Luuk reingefallen ist. Jedenfalls hat es sich so angehört, als hätte er ihren Köder geschluckt und als wolle er Tessas Recyclingmethode, die er als seine eigene ausgibt, noch einmal verkaufen. Arie weiß aus Erfahrung, dass Leute, die gierig werden, oft nicht mehr klar denken können und auch nicht mehr genau hinschauen. Letzteres wird hoffentlich auch passieren, wenn Arie Luuk seinen Polizeiausweis zeigt – frisch gefälscht von Jan, der da die nötige Expertise hat. Auf Außenstehende mag eine Detektei, in der fast alle vorbestraft sind, erst einmal seltsam wirken, aber in der täglichen Arbeit bringt es einige entscheidende Vorteile mit sich.

Arie will also so tun, als wäre er noch bei der niederländischen Polizei. Aus Angst vor einer Verhaftung, so die Hoffnung, wird Luuk die Forschungsarbeit im besten Fall einfach rausrücken. Falls nicht, auch das ist natürlich möglich, weil es um viel Geld geht, könnten sie versuchen, ihm die Speicherkarte oder den USB-Stick einfach abzunehmen – leider hat Arie keine Dienstwaffe mehr, mit dem er seiner Forderung wenn nötig Nachdruck verleihen könnte.

Und auch ansonsten, das wird Arie in diesem Moment bewusst, ist ihr Plan nicht wirklich durchdacht. Klar, es musste schnell gehen. Aber in Zukunft sollten sie bei der Arbeit doch weniger Irish Coffee trinken.

»Er kommt«, sagt Lieke in seinem Ohr.

Arie hebt den Kopf. Er hört keine Motorengeräusche, trotzdem nickt er Jack zu.

»Zu Fuß«, schickt Lieke hinterher.

Tatsächlich geht kurz darauf die Holztür auf und Tom alias Luuk tritt ein. Er sieht durchfroren aus. Kein Wunder: Draußen ist es höchstens fünf Grad und windig und er hat nicht mal eine Jacke an. Außerdem ist er nass, aber nicht so durchnässt, als wäre er die dreißig Kilometer aus der nächsten Stadt hergewandert. Irgendwo hat er also ein Auto stehen, vielleicht wurde er auch gebracht. Ansonsten sieht er aus wie ein freundlicher Hippie, wie jemand, der eher Straßenhunde rettet oder Steinmandalas legt, als einer, der seiner Verlobten ihr Lebenswerk stiehlt, um es zu Geld zu machen.

Arie sucht den Ankömmling mit den Augen nach einer Waffe ab, entdeckt aber unter dem Wollpullover und in der Hose keine verdächtigen Beulen. Er trägt Wanderschuhe, keine Stiefel, in denen man einen kleinen Revolver verstecken könnte. Möglicherweise hat er ein Messer dabei, eine Schusswaffe eher nicht. Arie ist lange nicht mehr so gut in Form wie früher, glaubt aber, dass er Luuk notfalls überwältigen kann. Schon deshalb, weil er eindeutig in einer höheren Gewichtsklasse kämpft und weil Luuk allein und sie zu zweit sind. Zu dritt, falls man Lieke mitrechnet. Aber Lieke wollte auf dem Hinweg schon eine wirklich nervige Fliege im Auto nicht töten, da kann er sich schwer vorstellen, dass sie handgreiflich werden kann.

»Hallo, Tom«, sagt Jack freundlich.

Luuk lächelt nervös. »Wer von euch ist denn Jack von *Deep Sea Treasures*?«

»Setz dich doch«, sagt Arie.

»Ich habe nicht viel Zeit«, sagt Luuk.

»Kein Problem«, sagt Jack. »Gib uns einfach Tessas Forschungsarbeit, wir überprüfen kurz, ob alles da ist.« Jack deutet auf den kleinen Laptop, den sie zu diesem Zweck mitgebracht haben. »Dann kannst du wieder gehen.«

»Aber ich …« Luuk schaut zur Tür. »Ich weiß gar nicht, wovon ihr redet. Falls ihr die Abhandlung über das neue Recyclingverfahren meint, die habe ich geschrieben.«

Jack gähnt.

»Setz dich«, wiederholt Arie, diesmal in einem schärferen Ton, während er seine Fake-Polizeimarke aus der Tasche zieht und hochhält. »Wir wissen, dass dein echter Name Luuk Ruis ist und dass du unter falschem Namen und mit Diebesgut im Gepäck das Land verlassen hast.«

Luuk setzt sich, er sieht aus wie ein Kaninchen im Scheinwerferlicht. »Ihr seid gar nicht von *Deep Sea Treasures*.«

»Korrekt«, bestätigt Jack.

»Aber wenn du uns sämtliche Kopien der Arbeit übergibst, überlegen wir es uns mit der Festnahme wegen Diebstahl und Urkundenfälschung noch einmal«, bietet Arie in freundlicherem Ton an.

»Tessa ist tot«, sagt Luuk.

Arie beugt sich vor. »Willst du damit sagen, dass wir dich auch wegen Mordes festnehmen sollten?«

Luuks Entsetzen ist nicht gespielt, da ist sich Arie ziemlich sicher. Wäre anders auch überraschend gewesen, schließlich war Luuk 10 000 Kilometer weit entfernt, als Tessa gestorben ist. Auftragsmord, das wäre natürlich gegangen, aber bezahlte Killer töten selten mit K.-o.-Tropfen. Falls Tessa tatsächlich so und nicht anders getötet wurde.

»Ich weiß nichts von Mord«, stammelt er.

Jack hält die Hand auf. »Den USB-Stick«, sagt er, bekommt ihn aber nicht. Luuk rutscht ein Stück mit dem Stuhl zurück. Der Wind pfeift um die Hütte, ein Fenster rappelt bedrohlich.

»Tessa hätte gewollt, dass ich ihre Forschungsarbeit bekomme, wenn ihr etwas zustößt. Wir waren verlobt.«

»Spätestens, wenn sie herausgefunden hätte, warum du so sang- und klanglos verschwunden bist, hätte sie es sich wohl anders überlegt«, stellt Arie fest. »Was willst du mit ihrer Arbeit überhaupt, außer sie für viel Geld an *Deep Sea Treasures* zu verkaufen? Zwei Millionen willst du haben, hast du uns geschrieben.«

Luuk presst die Lippen zusammen.

»Lass mich raten: Als Erstes hast du wahrscheinlich bei der Konkurrenz angefragt. Nach unseren Nachforschungen käme da am ehesten *Blue Mining* in Frage. Die stehen laut Medienberichten nämlich ebenfalls kurz vor dem großen Durchbruch, haben sogar ein funktionierendes Kollektorfahrzeug für den Abbau von Manganknollen und spekulieren unter anderem auf eine Abbaugenehmigung im Peruanischen Becken. Komisch finde ich nur, dass die Übergabe in Peru stattfindet. Und nicht einfach in L. A.«

»Das war nicht meine Idee«, sagt Luuk und man sieht ihm an, dass er im gleichen Moment begreift, dass er damit Aries Version der Geschichte ungewollt bestätigt hat.

»Zahlt *Blue Mining* etwa auch zwei Millionen für die Nicht-Veröffentlichung?«, will Jack wissen.

Luuk antwortet nicht, aber sein Gesicht spricht Bände.

Ein heikles Spiel, denkt Arie. Wer garantiert *Blue Mining* denn, dass Luuk die Papiere nicht gleichzeitig an ein Recycling-Unternehmen oder an eine Regierung verkauft? Irgendetwas an diesem Gedanken versetzt ihn in Unruhe, aber bevor Arie dem auf den Grund gehen kann, sagt Luuk: »Ich habe ganz schön viele Notizen abgetippt und Tessa auch sonst tatkräftig unterstützt – allein hätte sie das neben ihrer Arbeit für Hugo doch gar nicht geschafft. Und ich finde, als Co-Autor ist es in Anbetracht der Umstände mein gutes Recht, die Dokumente zu verkaufen an wen ich will.«

»Ist es nicht«, schreit Lieke draußen so laut, dass man es durch die Mauern hört. Es rumst, als die Tür nach innen aufgestoßen wird und gegen die Wand kracht. Dann rumst es noch einmal, als Lieke sie mit dem Fuß wieder zustößt. Sie bleibt dort stehen, aber Arie sieht, dass ihr ganzer Körper unter Spannung steht. Wie ein Puma, der gleich zum Sprung ansetzt. Sie fixiert Luuk mit ihrem Blick. »Wenn jemand ein Recht hat, die Forschungsarbeit zu verkaufen, dann ich«, wiederholt sie. »Ohne mich wäre Tessa überhaupt nie auf die Idee mit dem Recyclingverfahren gekommen. Und wir haben uns die letzten Monate ständig darüber ausgetauscht.«

Arie nimmt den Knopf aus seinem Ohr.

»Ach, die verpeilte Wissenschaftlerin ist auch hier«, sagt Luuk, beim Anblick von Tessas bester Freundin augenscheinlich gelassener als Arie gehofft hatte. »Weißt du, dass

Tessa gesagt hat, selbst die Laborratten würden sorgfältiger arbeiten als du? Sie hat gerne mit dir Kaffee getrunken, sie hatte ja sonst auch keine Freundinnen. Aber zusammengearbeitet hätte sie im Leben nicht mit dir. Abgesehen davon ging das auch gar nicht. Ihr habt euch doch monatelang nicht gesehen, so zerstritten wart ihr.«

Eine Weile ist es bis auf das Knistern des Feuers still, dann macht es Klick. Arie wirft Jack einen schnellen Blick zu, aber der reagiert nicht, vermutlich hat er dieses Geräusch höchstens mal im Film gehört. Arie hingegen kennt es nur zu gut: So klingt eine Pistole, wenn sie entsichert wird.

31

Aioli ist eine köstliche Beilage zu frischem Brot und Oliven, aber eine ganz schlechte Wahl vor einem Date. Das weiß Jan. Was er nicht wusste, als er am Vorabend eine halbe Schüssel von der Knoblauchmayonnaise vertilgt hat, war, dass Juanita ihn wenig später anrufen würde. Gehofft, klar, aber geglaubt eigentlich nicht mehr. Weil es schon einige Tage her war, dass er den Zettel in ihren Briefkasten geworfen hat. Und weil eine Frau wie Juanita vielleicht keinen Mann wie ihn treffen wollen würde. Aber dann hat sie es doch getan. Sich mit fröhlicher Stimme für die Einladung bedankt, gefragt, ob er am nächsten Mittag schon etwas vorhabe, sich seine Adresse geben lassen und aufgelegt.

Jetzt sitzt er vor seinem Bauwagen, wartet und denkt darüber nach, dass er trotz mehrfachem Zähneputzen sicher furchtbar stinkt. *Wie stelle ich fest, ob ich Mundgeruch habe?*, googelt er.

Das Internet schlägt einen Halimeter-Test beim Zahnarzt vor. Eine einfachere und ebenfalls sichere Methode wäre, eine Person seines Vertrauens anzuhauchen und um ein ehrliches Feedback zu bitten.

Jan spitzt die Lippen und pustet Fru Gunilla an, die vor ihm auf dem Tisch sitzt. Sie schüttelt sich und verschwindet in den Haselnusssträuchern hinter dem Wohnwagen. Bleibt noch Hund als möglicher Testkandidat. Aber der müffelt erstens selbst und liegt zweitens halb unterm Bauwagen und schläft.

Man könne sich auch übers Handgelenk lecken und anschließend am selbigen riechen steht in einem anderen Artikel. Macht Jan und stellt fest, dass seine Haut ein bisschen salzig schmeckt. Angstschweiß vermutlich. Er schnuppert, hört gleichzeitig ein Geräusch und schaut auf. Vor ihm steht Juanita. Und aus ihrem Blick schließt er, dass sie da schon länger steht. »Ich«, beginnt er und merkt, wie ihm das Blut ins Gesicht schießt. Plötzlich ist es viel zu warm in seinem Hemd. »Ich wollte nur …« Er weiß nicht weiter. Ich wollte nur mal testen, ob ich Mundgeruch habe? Weniger sexy geht nicht.

»Die Katzen von meinem Nachbarn waschen sich auch immer so.«

»Ich mache das nur, wenn ich zu viel Knoblauch gegessen habe«, sagt Jan und denkt, dass er es schafft, dieses Date innerhalb der ersten drei Minuten zu verderben. Sie hält ihn wahrscheinlich jetzt schon für einen Super-Freak.

»Halb so wild. Beim ersten Date küsse ich sowieso nicht.«

Und beim zweiten?, will Jan fragen, aber noch bevor er dafür den Mut zusammenbringt, springt Fru Gunilla Juanita auf den Kopf.

»Ich hoffe, du warst heute schon auf dem Klo«, sagt Juanita zu dem Eichhörnchen.

Jan nimmt Fru Gunilla vorsichtig von Juanitas Kopf. Ihre

Haare, also die von Juanita, sind seidig und warm von der Sonne.

Juanita setzt sich auf die Bank, die Jan vor Jahren aus Palettenholz gezimmert und dann mit bunten Streifen bemalt hat. »Danke für die nette Einladung zum Essen mit Konzert.«

»Also das Konzert …«, beginnt Jan und setzt sich Juanita schräg gegenüber auf ein Stück abgesägten Baumstamm. »Also streng genommen ist es kein richtiges Konzert.«

»Oh«, sagt Juanita, dann hellt sich ihre Miene auf. »Machst du Musik?«

»Besser nicht«, sagt Jan. Er schaut zu den Baumkronen, dann findet er, was er sucht. »Die schon, allerdings fangen die erst in ein paar Stunden an.«

Juanita folgt seinem Blick und sieht sie auch: etwa zehn gelbgrüne Halsbandsittiche. »Die mag ich.«

Das ist gut, denkt Jan, er nämlich auch – anders als die meisten Amsterdamer, die die hübschen Exoten am liebsten ausrotten würden.

»Nur über deinen Musikgeschmack sollten wir beizeiten mal sprechen«, sagt Juanita und lacht.

Jan macht ein kleines Feuer. Sie trinken Tee, essen dicke Pfannekuchen mit Pilzen und Käse, und schon bald fühlt es sich für Jan so an, als hätte es noch nie etwas anderes gegeben als Juanita und ihn vor dem bunten Bauwagen. Sie reden über dieses und jenes, ihre Stimmen sind sanft, nur Hund und Fru Gunilla hören zu, ein paar bunte Herbstblätter taumeln im Wind. Es riecht nach feuchter Erde, und im Hintergrund verblasst der Straßenlärm, bis man ihn für Bachrauschen halten könnte.

Jan ist froh. Na ja, fast. Denn da gibt es ja noch diese Sache, die Juanita vielleicht noch nicht weiß. Obwohl Maddie es ihr erzählt haben könnte, aber so genau weiß er das nicht. Er schaut zu Fru Gunilla, die auf dem freien Hocker neben ihm sitzt und Nüsse knackt.

»Früher war ich eine Frau.«

In Juanitas Augen flackert kurzes Erstaunen auf, und Jan kann schon sehen, wie sie ihre Füße von Hunds haarigem Rücken nimmt, in die Schuhe schlüpft und das Weite sucht. Aber dann lächelt sie und sagt »okay«.

Stellt keine der üblichen Fragen: Warum denn nur, ob er noch Hormone nehmen muss, ob er jetzt einen richtigen Penis hat und wenn ja, ob die Haut dafür am Oberschenkel entnommen wurde und ob er also Sex haben kann. Einfach »okay«. Und dann fragt sie, ob er Lust hat, am Wochenende zusammen Kastanien sammeln zu gehen.

»Sehr gerne.«

Juanita schaut ins Feuer. »Früher habe ich als Domina gearbeitet.«

Jan schluckt. Aber er wird auch keine der üblichen Fragen stellen: Warum denn nur, wer ihre Kunden gewesen seien, ob sie Spaß daran habe, Männer zu schlagen, ob sie einen Zuhälter habe und ob sie auf Lack und Latex stehe.

»Privat ist das aber nicht so meins«, fügt Juanita nach einer Pause hinzu. »Privat habe ich mich von Männern allerdings auch meist ganz ferngehalten.«

Jan lächelt. »Okay.«

Er horcht in sich hinein und stellt fest, dass es stimmt. Es ist okay. Sicher gibt es noch einiges, was sie sich zu diesen Themen zu erzählen haben, jedenfalls falls die Zukunft mehr als Kastanien bringt. Aber das hat Zeit. »Eis mit Brombeeren zum Nachtisch?«

Während sie löffeln, reden sie über die Strohballenhäuser, die Juanita nach dem Studium einmal bauen will.

»Und in der Detektei? Gibt es schon Neues aus Peru?«

Jan schaut auf die Uhr. »Jetzt ist es dort Morgen. Sie müssten sich gleich mit Luuk in der Hütte treffen.«

»Und Tessas Tod?«

Jan zuckt mit den Schultern. »Da tappen wir im Dunkeln. Luuk scheidet als Täter jedenfalls aus, er war schon in Peru. Vielleicht war es doch dieser Hugo Beekhof.«

»Glaube ich eher nicht.«

»Woher kennst du ihn eigentlich?«

»Er war mein Kunde. Mein letzter – ich habe den Job an den Nagel gehängt.«

»Oh«, sagt Jan. Dann war es möglicherweise also wörtlich gemeint gewesen, dass Juanita die Informationen aus Tessas Boss herausgekitzelt hat.

»Diese Tessa muss eine ziemlich kluge Frau gewesen sein, möglicherweise aber auch ein wenig seltsam. Es ist doch verrückt, dass eine Wissenschaftlerin gleichzeitig an zwei so gegensätzlichen Projekten arbeitet.«

»Kein Wunder, dass sie kaum Freunde hatte. Sie hatte ja gar keine Zeit.«

Juanita kratzt das letzte Vanilleeis aus der Schale. »Maddie hat erzählt, dass Lieke ihre einzige Freundin war.«

»Irgendwie traurig, oder? Sie war wohl auch die Einzige, die von der Forschungsarbeit wusste, ihr zufolge war sie sogar maßgeblich daran beteiligt.«

»Was wisst ihr eigentlich über diese Lieke?«

»Sie ist 36 Jahre alt, lebt allein, ist Umweltschutzaktivistin, hat eine Halbtagsstelle als Chemiedozentin und kennt Tessa seit dem Studium. Sie sind beste Freundinnen, allerdings haben sie laut Lieke einige Monate nicht miteinander gesprochen, nachdem Tessa den Job bei *Deep Sea Treasures* angenommen hat.«

Juanita runzelt die Stirn. »Würde es nicht etliche Monate dauern, so eine Forschungsarbeit zu schreiben? Wann hat Tessa denn bei *Deep Sea Treasures* angefangen?«

»Erst vor etwas über einem Jahr, glaube ich«, sagt Jan. Juanita und er schauen sich an, dann sagen beide gleichzeitig: »Scheiße.«

32

Eine Stunde später sitzen Jan, Juanita und Maddie vor einem grauen Hochhaus am Stadtrand auf einer Parkbank. Hund und Fru Gunilla sind am Bauwagen geblieben, ein anderer Dauercamper hat versprochen, ein Auge auf die beiden zu haben. »Wo ist Isa?«, fragt Juanita.

»Beim alten Onno. Er hat gefragt, ob sie ihm nicht ein paar seiner alten Krawatten bemalen kann.«

»Gut«, sagt Jan. Wenn man schon irgendwo einbricht, ist es schlauer, keine Haustiere oder kleine Schwestern mitzunehmen. Jan bindet sich die Schnürsenkel neu zu. »Aber ich habe immer noch nicht verstanden, wie wir in ihre Wohnung kommen sollen.«

Maddie zieht ihren Schlüsselbund aus der Tasche. Daran hängen ein Haustür- und zwei Fahrradschlüssel, ein bunter Pompon, zwei Glöckchen und zwei Sperrhaken aus Stahl.

»Hat mir Onno geliehen, der war früher mal Profi-Einbrecher, dann hatte er einen Schlüsseldienst.«

»Noch jemand, der gut in die Hausboot-Detektei passen würde«, findet Jan. »Hat er nicht gefragt, wozu du Dietriche brauchst?«

»Er hat nur gesagt, ich soll mich nicht erwischen lassen.«

Jan kann immer noch nicht glauben, dass es ihnen nicht gleich aufgefallen ist: Lieke konnte gar nicht an Tessas Forschungsarbeit mitgearbeitet haben, das kam zeitlich nicht hin. Falls sie da nicht etwas falsch verstanden haben, lügt sie. Warum sie das tut und ob sie etwas mit Tessas Tod zu tun hat, erklärt das aber noch nicht. Deshalb sind sie hier.

Zuerst haben sie aber Maddie informiert und dann Liekes Chef an der Uni angerufen. Das war Juanitas Idee. Sie meinte, sie könnten so mehr über Lieke als Person erfahren. Juanita hat den Anruf dann auch übernommen. Kennst du den vom ... von der Uni?«, hat Jan gefragt.

»Nicht vom Job und sonst auch nicht.«

Am Telefon hat sie sich für eine Professorin aus Cambridge ausgegeben, gesagt, dass ihr Lieke empfohlen worden sei und sie sie möglicherweise abwerben wolle. »Aber nur, wenn Sie damit einverstanden sind. Ich finde es nämlich richtig unkollegial, wie sich die Unis gegenseitig die besten Leute wegnehmen.«

»Da brauchen Sie in diesem Fall keine Scheu haben«, hat der Mann trocken geantwortet. »Und weil auch ich für einen kollegialen Umgang und gute Zusammenarbeit bin, will ich Ihnen nicht verheimlichen, dass Lieke zwar ehrgeiziger ist als alle anderen Studierenden, die ich in meiner Laufbahn getroffen habe, leider aber jedes Talent für das wissenschaftliche Arbeiten vermissen lässt. Mein Vorgänger hat sie eingestellt, ich glaube, weil er verliebt in sie war. Sie ist sehr hübsch, müssen Sie wissen.«

Jan sieht eine alte Dame mit vollen Einkaufstaschen auf den Hauseingang zusteuern. »Kommt«, sagt er zu den anderen und geht in die gleiche Richtung.

Die Frau kramt mühsam den Schlüssel aus der Manteltasche, lässt ihn fallen und brummelt etwas Unverständliches. Jan geht neben ihr in die Hocke, nimmt den Schlüssel und reicht ihn ihr. »Es gibt also doch noch Kavaliere«, freut sie sich. »Würden Sie mir wohl auch gleich aufschließen, junger Mann?«

Das macht Jan. Dann tragen sie die Einkaufstaschen in den Aufzug und bis zu ihrer Wohnungstür im vierten Stock, schlagen eine Einladung zum Kaffee aus und gehen durchs Treppenhaus drei Stockwerke höher.

Maddie öffnet die Tür mit dem Dietrich, als hätte sie das schon tausendmal gemacht.

»Wäre auch eine Karrierealternative«, schlägt Juanita vor.

Findet Maddie nicht. »Auf Dauer viel zu schlecht für meinen Blutdruck.«

Jan verteilt eine Runde Silikonhandschuhe. Nasenklemmen wären auch super, es müffelt ziemlich.

So richtig wissen sie gar nicht, was sie genau suchen sollen. Nach irgendwelchen Hinweisen, dass Lieke etwas mit Tessas Tod zu tun hat – oder eben nicht. Eine angebrochene Flasche mit K.-o.-Tropfen, ein verräterischer Tagebucheintrag, so etwas. »Fühlt ihr euch auch irgendwie beobachtet?«, fragt Jan.

Maddies Blick wandert an die Decke. »Vielleicht hat sie Überwachungskameras angebracht?«

»Ihr beide habt eindeutig zu viele schlechte Filme gesehen«, sagt Juanita.

Immerhin werden sie schnell durch sein, das Apartment ist winzig, wenn auch ziemlich vollgestellt. Vom Flur können sie in die kleine Küche schauen. »Love. Live. Laugh«, liest Juanita vor.

»Ich finde Leute, die solche Wandtattoos haben, höchst verdächtig«, grummelt Maddie. »Noch schlimmer ist es eigentlich nur, wenn *Der Alchimist* und *Der kleine Prinz* auf dem Nachttisch liegen.«

»Ich fürchte, für einen Haftbefehl wird das nicht reichen«, sagt Juanita.

Auf Liekes Schreibtisch, der genau wie das Sofa und das Bett aussieht, als hätte sie ihn vom Sperrmüll, liegt bis auf ein paar Briefumschläge, Stifte und Chemie-Fachbücher nichts. »Auch kein Laptop«, bemerkt Jan.

»Hat sie den nicht mit nach Peru genommen?«, erinnert sich Maddie.

Juanita dreht Sofakissen um und nimmt ein paar Bücher aus dem Regal – die meisten drehen sich um Klimawandel, Artensterben, Meeresbiologie und die Krisen unserer Zeit.

»Die hier findest du sicher fast so schlimm wie Wandtattoos, Maddie«, sagt Juanita, als sie zu der Ecke mit Selbsthilfebüchern kommt. »*Law of Attraction – So bekommst du was du willst, Manifestieren, aber richtig, Mit Visualisieren die Karriere beflügeln, Genieße den Moment – kreiere die Zukunft*«, liest sie einige der Buchtitel vor.

Maddie öffnet den eingebauten Wandschrank, wirft einen Blick auf Hippiekleider und schließt ihn wieder.

»Schaut mal«, sagt Jan auf der anderen Seite des Zimmers. »Sie hat einen dicken Ordner über Nobelpreisträger der Chemie angelegt. Es beginnt 1901 mit Jacobus Henricus van 't Hoff.«

Die beiden anderen treten zu ihm, während er durch die Seiten blättert. Da gibt es viele Schwarz-Weiß-Fotos, überwiegend von Männern, ihre Namen und jeweils ein bis zwei Seiten über ihren wissenschaftlichen Verdienst. Die letzte Seite in dem Ordner ist leer, bis auf ein Foto von Lieke.

Juanita betrachtet das Foto, auf dem Lieke die Haare zu einem Knoten zusammengebunden hat und einen Hosenanzug trägt. »Heißt das, sie spekuliert auf den Nobelpreis? Das nenne ich in der Tat ehrgeizig.«

»Mit Visualisieren die Karriere beflügeln«, sagt Maddie. Sie beugt sich vor, um die oberste Schublade einer Kommode zu öffnen, erstarrt aber mitten in der Bewegung.

»Was ist?«, fragt Jan.

Maddie schüttelt heftig den Kopf und legt die Finger an die Lippen. Dann hören die beiden anderen es auch. Das leise Quietschen von Gummisohlen, dann Metall auf Metall. Jemand hat einen Schlüssel ins Schloss gesteckt. Oder einen zweiten Dietrich.

»Schrank«, flüstert Jan. Zwei Sekunden später tauchen die Detektive im Stoff ab. Irgendetwas bohrt sich in Jans linkes Fußgelenk. Aber Juanitas Haare berühren sein Gesicht. Sie riechen nach Kamille und Lagerfeuer. Und dann nimmt sie seine Hand und drückt sie.

Jan verspürt ein beträchtliches Maß an Glück und denkt,

dass das hier eine Geschichte ganz nach seinem Geschmack ist. Nicht jetzt, natürlich nicht. Die besten Geschichten sind ja oft erst im Nachhinein richtig gut. Aber später, viel später, wenn Juanita und er alt und faltig vor dem Bauwagen oder vielleicht vor einem ihrer Strohballenhäuser am Feuer sitzen, werden sie darüber reden, wie sie das erste Mal im Schrank einer fremden Wohnung Händchen gehalten haben und das ungeheuer amüsant finden. Vorausgesetzt natürlich, sie überleben das hier.

»Killer«, ruft eine kräftige Frauenstimme im Flur, und bei Jan setzt für einen Moment die Atmung aus. Dann zwingt er sich, zu denken. Das ist nicht Lieke, die überraschend früher zurückgekommen ist. Und auch kein Sondereinsatzkommando der Polizei.

»Komm her Killer, sei doch nicht so schüchtern.«

Sie hören, wie es ein wenig rumpelt. In der Küche, oder war dahinten das Bad? Was meint sie bloß mit *Killer*?

Die Schritte werden lauter, sind jetzt im selben Zimmer wie sie. »Pass auf, ich finde dich, du kleiner Schurke«, sagt die Stimme, die nun etwas Bedrohliches hat. Die Schritte kommen immer näher, Juanita auch. Jan versucht, mit dem Bademantel auf seiner Linken zu verschmelzen. Aber dann drehen die Schritte wieder ab. Wenig später hören sie, wie die Haustür ins Schloss fällt. Zwei, drei Minuten stehen sie noch bewegungslos im Schrank, dann öffnet Maddie vorsichtig die Tür, bedeutet den beiden anderen stehen zu bleiben und schleicht durchs Zimmer. Als sie zurückkommt, grinst sie. »Killer ist ein Kater. Er sitzt in der Küche und frisst.«

»Hattest du nicht gesagt, dass ihr euch in der Detektei oft ein bisschen langweilt?«, fragt Juanita.

»Stimmt meistens auch.«

Jan reibt sich sein Fußgelenk. Er fasst in den Schrank. Zwischen T-Shirts fühlt er etwas Kaltes, Hartes. »Ein Laptop.«

Als er es rauszieht, kommt auf der Unterseite ein halb abgerissener Aufkleber zum Vorschein. *Deep Sea Trea…* steht da noch.

»Tessas Laptop.«

Als sie Liekes Wohnung verlassen, ist es schon so spät, dass die Halsbandsittiche kreischend zu ihren Schlafplätzen fliegen.

»Schade eigentlich. Diese Lieke wollte vielleicht Sachen von Isa kaufen. Das geht nicht mehr, wenn sie im Knast ist«, stellt Maddie fest.

»Erst mal müssen wir sie in den Knast bekommen«, sagt Juanita. »Wie wollt ihr denn jetzt weitermachen?«

Sie haben ein Foto des Laptops sowie eine kurze Zusammenfassung der Ereignisse an Arie sowie an Elin geschickt, aber bislang keine Antwort bekommen.

»Wir rufen die Polizei an, die verständigen dann die Kollegen in Peru«, sagt Jan.

»Wessel de Boer?«, Maddie bläst die Backen auf. »Der wird dann erst einmal uns dafür einbuchten, dass wir bei Lieke eingestiegen sind und uns illegal Zugang zu den Flugpassagierlisten verschafft haben.« Dann geht ein Leuchten über ihr Gesicht und sie zieht ihr Telefon aus der Tasche. »Madelief Lokkerbol, die coole Rechtsmedizinerin. Wenn wir ihr erzählen, dass Arie in Gefahr ist, hilft sie bestimmt.«

33

Jack schaut in die Mündung einer Pistole. Er findet die Situation ein wenig überzogen, aber deswegen nicht minder aufregend. Da hat Lieke mit den süßen Pausbacken einfach eine Knarre unter ihrem bunten Poncho hervorgezogen und auf diesen Luuk gerichtet. Na ja, irgendwie auch auf ihn, aber das liegt wohl daran, dass er gleich neben Luuk sitzt. Und jetzt rauscht das Adrenalin durch seine Adern, wie zuletzt, als Maddie ihn in die kalte Gracht geschubst hat. Damals fand er das nicht lustig, jetzt muss er grinsen, als er daran denkt.

»Gib mir die Arbeit«, befiehlt Lieke.

»Was willst du denn damit?«, fragt Luuk zurück. Ziemlich cool für jemanden, der um sein Leben fürchten muss.

Sie kommt mit der Waffe ein wenig näher. Abgesprochen war das so nicht. Jack fragt sich, wo sie die überhaupt herhat. Im Gepäck mitgenommen wohl eher nicht, obwohl die Sicherheitskontrollen in Amsterdam und Lima eindeutig viel zu wünschen übriglassen. Schließlich ist Luuk mit seinem falschen Pass auch schon einfach durchmarschiert. Ob Lieke abends in Lima noch mal das Hotel verlassen und die Pistole auf dem Schwarzmarkt gekauft hat?

»Pling«, macht es neben Arie. Da haben sie wohl doch mal wieder kurz Empfang. Jedenfalls genug, um eine Nachricht zu empfangen. Jack sieht zu, wie Arie liest. Auf seinem Gesicht spiegelt sich erst Unglauben, dann Entsetzen. Er wäre kein guter Pokerspieler geworden, denkt Jack. Aber es ist nur ein halber Gedanke. Gleichzeitig denkt er nämlich, dass hoffentlich nichts mit Elin oder Matts passiert ist. Auf dem ewig langen Flug hat Arie von seinem Sohn erzählt. Wie sehr er ihn vermisst, dass es nicht so gut läuft zwischen ihnen seit der Sache mit Sanne, und vielleicht davor auch schon nicht.

»Ich kann mir schon vorstellen, was du mit Tessas Arbeit machen willst«, sagt Luuk nun zu Lieke. »Du wirst so tun, als sei es deine. Geld ist dir wahrscheinlich egal. Wahrscheinlich willst du sie unter deinem Namen veröffentlichen, hoffst, dass du internationale Anerkennung als Wissenschaftlerin oder, noch besser, gleich den Nobelpreis bekommst. Tessa hat mir mal erzählt, dass du darauf schon heiß bist, seit dein Vater dir den ersten Chemiebaukasten geschenkt hat.«

Liekes Hand, die die Pistole hält, beginnt zu zittern.

»Willst du die nicht lieber hinlegen?«, bittet Jack sie.

Will sie offenbar nicht.

»Tessa hätte das auch so gewollt«, behauptet sie.

Glaubt Luuk nicht. »Höchstens unter ihrem Namen.«

»Es war meine Idee«, schreit Lieke.

»Vielleicht«, lenkt Luuk ein. Dann lächelt er, als wäre ihm etwas Sensationelles eingefallen. »Ich habe einen Vorschlag. Du lässt mich die Papiere an *Blue Mining* verkaufen, ich bin heute Nachmittag schon mit denen verabredet. Den zweiten Stick, den, den ich an *Deep Sea Treasures* verkaufen wollte, bekommst du. Du wartest zwei Wochen, bis ich untergetaucht bin, dann veröffentlichst du die Arbeit, von mir aus auch unter Tessas und deinem Namen. Meinetwegen auch nur unter deinem Namen. Eine klassische Win-win-Situation.«

»Außer für die Tiefsee. In zwei Wochen wird *Blue Mining* oder *Deep Sea Treasures* nämlich schon längst die Abbaulizenz in der Tasche haben.«

»Aber doch nur für das Peruanische Becken, das ist ja nur eines von vielen möglichen Abbaugebieten für Manganknollen. Und sie werden sicher nicht sofort mit dem Abbau beginnen. Als renommierte Wissenschaftlerin könntest du also immer noch eine große Protestaktion organisieren.«

Lieke wirft ihren geflochtenen blonden Zopf über die Schulter. »Bevor so eine Forschungsarbeit veröffentlicht wird, wird sie erst geprüft. Das kann Monate dauern.«

Die Sache hat noch einen anderen Haken, denkt Jack. Was würde wohl *Blue Mining* mit Luuk machen, wenn die Forschungsarbeit, für dessen Nicht-Veröffentlichung sie zwei Millionen auf den Tisch legen, kurz darauf in der *Science* oder *Nature* veröffentlicht wird? Andererseits hat Luuk schon Erfahrung im Untertauchen und *Blue Mining* kennt ihn nur als Tom.

»Gib mir die Waffe, Lieke«, sagt Arie freundlich, aber bestimmt. Gleichzeitig macht sein Telefon noch mal »Pling«. Er entsperrt es mit seinem Fingerabdruck, kommt aber nicht mehr dazu, die Nachricht zu lesen, weil Lieke ihm das Telefon aus der Hand reißt. Das, findet Jack, geht jetzt eindeutig zu weit.

Sie geht drei Schritte zurück, so dass sie vor der Tür steht und den Fluchtweg nach draußen versperrt. Während sie liest, hält sie die Pistole weiter auf Luuk gerichtet. Als sie wieder aufschaut, ist ihr Gesicht zu einem Lächeln verzerrt, das nicht weit vom Wahnsinn entfernt ist. »Deine Möchtegern-Detektive sind also bei mir eingestiegen.«

»Aus gutem Grund, wie sich zeigt«, sagt Arie. »Gib mir die Waffe, Lieke. Es ist vorbei.«

Lieke lacht laut und schrill.

»Vorbei für euch meinst du.«

Das ist keine gute Entwicklung, findet Jack, obwohl er immer noch nicht richtig versteht, was hier gerade passiert.

»In dem Fall möchte ich dir Tessas Arbeit doch lieber geben«, sagt Luuk, greift an seinen Hals und zieht unter dem Pulli ein Lederband hervor, an dem ein kleiner USB-Stick hängt. Er legt ihn vor sich auf den Tisch und schiebt ihn Lieke zu.

»Ich brauche beide. Du hast doch zwei, oder?«

Luuk seufzt und zieht einen zweiten USB-Stick aus der Hosentasche. Lieke macht einen Satz nach vorne, nimmt die beiden kleinen Speichermedien und stellt sich wieder an die Tür, immer noch mit gezogener Waffe.

»Willst du nicht nachschauen, ob auf dem Stick überhaupt etwas drauf ist?«, schlägt Jack vor und deutet auf das Laptop auf dem Tisch. Vielleicht könnte es funktionieren, wenn sie Lieke das Gefühl geben, dass sie auf ihrer Seite sind. Zudem wäre sie abgelenkt, wenn sie auf den Bildschirm schaut, müsste vielleicht sogar die Waffe aus der Hand legen, um etwas einzutippen und würde ihnen so die Chance geben, sie zu überrumpeln.

»Später«, zischt sie und richtet ihre Waffe erst auf Arie, dann auf Luuk, so als könne sie sich nur nicht richtig entscheiden, wer zuerst dran glauben soll.

»Warum willst du uns eigentlich alle erschießen?«, versucht Luuk, Zeit zu schinden. »Lass mich nicht dumm sterben, Lieke.«

Sie lacht wieder, draußen heult der Wind. »Du kannst dich bei der Hausboot-Detektei bedanken. Die haben nämlich ihre Nase in Dinge gesteckt, die sie nichts angehen und in meiner Wohnung herumgeschnüffelt.«

»Lieke, selbst wenn du uns nun alle umbringst, gibt es noch mindestens drei Menschen in Amsterdam, die wissen, was du getan hast«, sagt Arie ruhig, aber bestimmt. »Du kommst aus der Sache nicht mehr raus.«

Auf Liekes Hals erscheinen hektische rote Flecken, offenbar hatte sie das noch nicht bedacht.

»Was hat Lieke getan?«, fragt Luuk.

Sie dreht sich zu ihm und schreit ihn an: »Tessa davon abgehalten, mit meiner Idee berühmt zu werden.«

Jetzt sieht Luuk doch einigermaßen fassungslos aus. »Du hast sie umgebracht? Aber sie war doch deine beste Freundin.«

»Wäre sie meine beste Freundin gewesen, hätte sie nicht meine Idee gestohlen. Es geschieht ihr nur recht, anschließend von ihrem eigenen Verlobten beklaut zu werden. Überhaupt: Eigentlich ist es deine Schuld, Luuk, dass wir hier sitzen. Hättest du nämlich nicht ihre Harddisk und den USB-Stick mit dem Back-up gestohlen, hätte ich weder diese bescheuerte Detektei engagiert noch wäre ich dir hinterhergereist.«

»Na ja, ich musste verhindern, dass sie ihre Arbeit veröffentlicht, bevor ich mich mit *Blue Mining* treffe.«

»Du hast also erst nach ihrem Tod erfahren, dass die Harddisk in Tessas Laptop fehlt, Lieke«, folgert Arie. »Das muss ein ziemlicher Schock gewesen sein: Du tötest deine Freundin, klaust ihr Laptop und stellst dann zu Hause fest, dass alles umsonst war, weil die Forschungsarbeit, hinter der du her bist, gar nicht mehr auf dem Laptop ist.«

Lieke starrt auf einen Punkt an der Wand. »Ich war mir sicher, sie hat sich das mit den verschwundenen Dateien nur ausgedacht, hat mich belogen, weil sie mir die Forschungsarbeit doch nicht zeigen wollte. Ich konnte ja nicht ahnen, dass Luuk so ein Arsch ist. Ich wollte einfach nur …«

»Du wolltest sie töten, um die Forschungsarbeit anschließend unter deinem Namen zu veröffentlichen«, vervollständigt Arie ihren Satz. »Wann hast du das eigentlich beschlossen?«

Lieke wendet sich Arie zu, in ihrem Gesicht spiegelt sich eine ungute Mischung aus Wut und Verzweiflung. »Sie ist nicht mal auf die Idee gekommen, mich zu fragen, ob ich mitmachen will. Oder ob sie mich in ihrer Forschungsarbeit als Co-Autorin nennen soll. Dabei wusste sie, wie wichtig mir solch ein wissenschaftlicher Erfolg gewesen wäre.«

So wichtig, dass sie dafür einen Mord begangen hat, denkt Jack.

Arie nickt gedankenverloren, dann fragt er: »Wie ist es

abgelaufen, Lieke? Du bist also schon am Sonntag zu ihr gefahren. Und dann? Hast du die fürsorgliche Freundin gespielt und ihr K.-o.-Tropfen in die heiße Schokolade gemischt? Und dann ist ihr schlecht geworden, du hast vorgeschlagen, dass sie ein Bad nimmt – wohl wissend, dass sie bald das Bewusstsein verlieren würde.«

»Das mit dem Bad war ihre bescheuerte Idee. Ich wollte nicht, dass sie ertrinkt.«

»Ist sie dann ja auch nicht. Du hast die K.-o.-Tropfen so hoch dosiert, dass sie schon vorher einen Atemstillstand hatte. Du bist Chemikerin, Lieke. Du weißt, wie man das Zeug dosiert. Du wusstest natürlich auch, dass man die Tropfen schon nach einigen Stunden nicht mehr nachweisen kann und …«

»Halt die Klappe«, fährt Lieke Arie an und macht eine Handbewegung, als wolle sie ihm mit der Waffe ins Gesicht schlagen. »Ich will darüber nicht mehr sprechen. Ich muss nachdenken.«

Jack kann endlich alle Puzzleteile zusammensetzen: Maddie und Jan hatten also aus irgendeinem Grund den Verdacht, dass Lieke etwas mit Tessas Tod zu tun haben könnte, sind in ihre Wohnung rein und haben Tessas Laptop gefunden. Jetzt kann man nur hoffen, dass sie ihnen auch noch Hilfe schicken.

»Ich könnte diesem de Boer erzählen, dass ihr das Laptop in meine Wohnung geschmuggelt habt, um den Verdacht auf mich zu lenken. Schließlich dachte er sowieso schon, dass eure Detektivin etwas mit Luuks Verschwinden zu tun hat«, überlegt Lieke laut.

»Und wie willst du unsere drei Leichen erklären?«, fragt Luuk. »So doof ist die Polizei doch auch nicht. Ich schlage vor, du lässt uns am Leben, nimmst die Sticks, und wir versprechen dir, dass wir niemandem erzählen, dass du Tessa getötet hast.«

Jack zuckt zusammen. Nicht wegen Luuks Vorschlag, sondern weil er glaubt, hinter dem Fenster eine Bewegung wahrgenommen zu haben. Ist es Jan und Maddie am Ende doch gelungen, die Polizei zu benachrichtigen? Oder hat Lieke einen Komplizen?

»Tessa war die letzte Frau auf dieser Welt, die so blöd war, auf deine Versprechen reinzufallen«, sagt Lieke zu Luuk. Dann an alle: »Wir sind hier in Peru, da ist es nicht so ungewöhnlich, erschossen zu werden. Die Polizei wird glauben, ihr seid ausgeraubt worden.«

Wieder eine Bewegung am Fenster, jetzt ist sich Jack ganz sicher. Er denkt an Maddie. Warum denkt er in so einem Moment an Maddie?

Neben ihm zuckt Luuk zusammen, er hat es also auch gesehen. Lieke wirbelt reflexartig herum und schießt Richtung Scheibe. Glas klirrt. Arie ruft »auf den Boden« und zieht Jack am Ärmel. Im gleichen Moment wirft sich Luuk nach unten, landet halb auf Arie, dessen Kopf durch den Stoß gegen das Tischbein stößt. Jack hört neben sich einen dumpfen Schmerzenslaut, draußen ertönt ein schriller Schrei. Klingt so ein Mensch, der angeschossen wurde? Wie eine Mischung aus lachendem Pferd und panischer Gans? Jack läuft es kalt den Rücken hinunter.

Lieke flucht. »Ein Lama. Es war nur ein Lama.«

Dann geht mit Schwung die Tür auf, kracht diesmal aber nicht gegen die Wand, sondern gegen Liekes Hinterkopf. Sie taumelt, lässt die Waffe fallen, ringt um Gleichgewicht und verliert es, als ihr jemand in die Kniekehlen tritt. Jack kann von seiner Position am Boden nicht erkennen, wer Lieke gerade zu Fall bringt, er sieht nur einen Rücken in blauem Wollmantel und kräftige Oberschenkel in Jeans. Ein Lama ist es definitiv nicht. Lieke tobt herum und wehrt sich, sie kratzt und tritt, aber es dauert nicht lange, bis sie auf dem Bauch liegt, die Handgelenke gefesselt mit ihrem eigenen Halstuch. Im gleichen Augenblick sieht er eine Hand nach der Waffe greifen und hört eine Stimme, die ihm durchaus bekannt vorkommt. »So.«

»Elin, dich schickt der Himmel«, sagt Luuk. »Du hast mir quasi das Leben gerettet.«

»Dann sind wir jetzt also quitt.«

Aus der Ecke wimmert Lieke. »Dafür nun habe ich jahrelang Karate trainiert.«

»Karate ist eine Sache. Jahrelang Ziegenböcke einfangen die andere«, stellt Elin fest.

Arie und Jack rappeln sich hoch, Elin würdigt sie keines Blickes.

Sie beugt sich vor und hebt die beiden USB-Sticks vom Boden auf.

»Das sind meine«, sagt Luuk »Die brauche ich dringend für das Treffen mit meinem Geschäftspartner.«

»Ich dachte, das hier ist das Treffen mit deinem Geschäftspartner? Was sind das überhaupt für Leute?«

»Sie haben mir eine Falle gestellt, das nächste Treffen ist aber echt.«

»Ich drück dir die Daumen«, sagt Elin und wirft Luuk die USB-Sticks zu. Er hängt sich einen wieder um den Hals.

Elin schaut ihm interessiert zu.

»Und ich dachte die ganze Zeit, du würdest einen Glücksbringer tragen.«

»Das ist die Forschungsarbeit, die Luuk von Tessa gestohlen hat«, sagt Arie. Er klingt einigermaßen fassungslos.

»Wer bitte ist Luuk? Und wer ist Tessa? Und wer sind Sie eigentlich?«, fragt Elin. Ob das an der Höhenluft liegen kann?, fragt sich Jack. Irgendetwas geht hier jedenfalls nicht mit rechten Dingen zu. Welches Spiel spielt Elin? Hat sie etwa die Seiten gewechselt? Sie wäre nicht die erste Frau, die Luuks Charme verfällt.

Luuk schaut auf seine Armbanduhr. »Ich muss los.«

Arie steht auf. »Gar nichts musst du.«

»Lass ihn gehen«, sagt Elin mit Nachdruck und mit der geladenen, entsicherten Waffe in ihrer Hand.

»Elin, das kannst du nicht machen. Er wird Tessas Arbeit an *Blue Mining* verkaufen.«

»Halt die Klappe«, sagt Elin und, an Luuk gewandt: »Was machen wir jetzt mit denen?«

»Kannst du sie hier festhalten, bis ich außer Reichweite bin? Du kannst dann mit dem Toyota weg«, sagt Luuk.

»Und wie kommst du zu deinem Treffen?«, fragt Elin.

Luuk beugt sich vor, greift Lieke in die Seitentasche ihres Ponchos und zieht einen Autoschlüssel heraus. »Zum Glück haben die auch einen Mietwagen mitgebracht.«

»Es war meine Idee«, schluchzt Lieke.

»Elin«, beginnt Arie, aber Elin bedeutet ihm mit einer Handbewegung, still zu sein.

Luuk verlässt die Hütte. In der Tür bleibt er noch einmal stehen, dreht sich um und tritt zu Elin. »Wer dich als Reisekumpel hat, braucht keinen Glücksbringer«, sagt er und reicht ihr verschwörerisch ein kleines Täschchen.

Dann fährt er weg, mit dem Auto, das sie auf Aries Namen gemietet haben. Elin lächelt, ein wenig maliziös, und Jack denkt, dass sich kaum etwas so schwer anfühlt wie der Verrat einer Freundin.

34

Wenn es mit den Büchern nichts wird, könnte sie es mal mit Schauspielerei versuchen. Elin ist in nicht geringem Maße stolz: darauf, wie sie Lieke überrumpelt hat. Und darauf, wie sie Luuks Komplizin gespielt hat. Sie steckt die Pistole ein und sagt, zu Jack und Arie gewandt: »Schön, dass ihr auch hier seid. Ich würde vorschlagen, jetzt setzen wir uns in den Wagen, fahren nach Lima, liefern die Dame hier …«, sie deutet auf Lieke, »bei der Polizei ab und gehen erst einmal lecker essen.«

Sie öffnet die kleine Tasche, die Luuk ihr gegeben hat, und zieht einen Packen mit Hundertdollarscheinen heraus. »Luuk übernimmt die Rechnung.«

»Kannst du uns vielleicht erklären, was hier los ist?«, fragt Arie. Er klingt ernsthaft wütend.

»Ich habe euch vor einer durchgedrehten Mörderin gerettet«, erinnert Elin ihn.

»Wahr. Aber du hast leider gleichzeitig einem durchgedrehten Dieb zur Flucht verholfen«, entgegnet Arie.

»Auch wahr, jedenfalls der erste Teil. Aber er hat mich beim Surfen aus einer Rippströmung gerettet. Da wollte ich nicht für seine Festnahme verantwortlich sein. Wir machen doch alle mal Fehler. Aber ich muss zugeben: Es war eine spontane Idee. Ich bin eigentlich davon ausgegangen, dass ihr ihm die Sticks abnehmt und ich gar nichts machen muss.«

Arie stöhnt und reibt sich die Schläfe.

Elin ist sich nicht sicher, ob er Kopfschmerzen hat oder einfach bereut, sie jemals auf sein Hausboot gelassen zu haben. Sie sollte nun doch auch den Rest der Geschichte erzählen. Aber erst einmal ist Lieke dran, die plötzlich aufheult: »Nur weil du nicht vernünftig schwimmen kannst, soll jetzt die Tiefsee dran glauben?«

»Natürlich nicht«, sagt Elin, zieht einen schwarzen USB-Stick aus der Tasche und hält ihn triumphierend in die Luft.

»Hä?«, sagt Jack.

»Hast du es geschafft, die Arbeit zu kopieren?«, fragt Arie.

»Besser«, sagt Elin. Dann erzählt sie, wie sie den gestrandeten Luuk am Straßenrand gefunden und später Aries Nachricht bekommen hat. »Dann waren wir im Computerladen, und er hat einen USB-Stick gekauft und ich zwei. Als er später im Hostel unter der Dusche stand, bin ich in sein Zimmer geschlichen und habe die Sticks einfach ausgetauscht.«

»Und gleich versucht Luuk, einen leeren USB-Stick für zwei Millionen zu verkaufen?«, folgert Jack.

»Nicht leer. Ich habe vorher eine schöne Dokumentation draufgeladen: *Die wundersame Welt der Tiefsee – Leben im Dunkeln*.«

Arie schüttelt den Kopf, aber er lächelt wieder. »Und woher wusstest du über Lieke Bescheid?«

»Ich habe Luuk heute früh hierhin gefahren, und während ich im Auto gewartet habe, hat Maddie mir eine Nachricht geschickt. Da dachte ich, ihr könntet vielleicht Unterstützung gebrauchen.«

»Wenn ihr mir die Arbeit gebt, könnte ich mich um ihre Veröffentlichung kümmern«, schlägt Lieke vor, so als würde sie nicht gefesselt am Boden liegen, sondern mit ihnen um den Tisch sitzen.

»Wir geben dich bei der Polizei ab. Und dann brauchen wir etwas zu essen, ich sterbe fast vor Hunger.«

»Was ist das eigentlich für Geld, das Luuk dir gegeben hat?«, will Jack noch wissen.

»Hat er im Spielkasino gewonnen, als ich dabei war.«

»Die von *Blue Mining* werden *not amused* sein«, vermutet Jack.

Elin zieht den Autoschlüssel aus der Tasche. »Deshalb sollten wir besser nicht mehr hier sein, wenn Luuk kapiert, dass ich die USB-Sticks vertauscht habe.«

Fünf Minuten später sitzen sie im Toyota. Elin im Fahrersitz, Lieke hinten zwischen Arie und Jack. Elin dreht den Schlüssel um. Der Motor röchelt, springt aber nicht an. Beim nächsten Versuch dasselbe. »Komm schon«, spornt Elin das Auto an. Vergeblich. »Die Batterie ist es nicht«, sagt Jack und steigt aus. »Leider.«

»Wir bleiben sitzen«, sagt Arie zu Lieke.

Jack schaut unter die Motorhaube. Als er wieder auftaucht, hat er ölverschmierte Hände und zwei kleine Sorgenfalten zwischen Mund und Nase. »Zündkerzen. Die könnte ich leicht selbst wechseln, aber natürlich nur, wenn wir welche hätten.«

Elin und er suchen hektisch im Auto nach einer Kiste mit Ersatzteilen, finden aber nur einen Verbandskasten mit abgelaufenem Verfallsdatum.

»Ganz schlechtes Timing«, sagt Arie.

»Karma«, sagt Elin. Sie denkt an Luuks Motorrad.

»Wie meinst du das?«, fragt Jack.

»Erklär ich euch später. Jetzt brauchen wir erst einmal einen Plan B. Für den ziemlich wahrscheinlichen Fall, dass Luuk und die Typen von *Blue Mining* zurückkommen.«

Die drei Detektive schauen sich um. Loslaufen ist keine Option. Es ist kalt und nass, die Sicht schlecht und die nächste Stadt viel zu weit entfernt, zudem fehlt ihnen die Ausrüstung für so eine Tour.

»Wir müssen die Forschungsarbeit vorher wenigstens kopieren oder per E-Mail an die anderen in Amsterdam verschicken oder so etwas«, sagt Jack.

Arie fällt der Abend bei Roos ein. Die arbeitete doch jetzt für so eine Seite, auf der Wissenschaftler ihre Arbeiten frei zugänglich machen können. »Kennt ihr *openscience.org*?«

Fünf Minuten später sitzen sie wieder am Tisch in der Hütte, vor dem Laptop. Lieke haben sie an einen der Stützpfähle gefesselt. Jack öffnet das Dokument mit Tessas Forschungsarbeit. »Als Erstes sollten wir wohl den Namen korrigieren«, sagt er und löscht in der Urheberzeile *Tom Jonker*. Stattdessen tippt er: *Tessa Teuling*.

»Kannst du meinen Namen nicht wenigstens dazuschreiben?«, fleht Lieke.

Niemand reagiert, sie starren auf die Balkenanzeige in der rechten unteren Ecke des Bildschirms. Sie sind offline.

Jack steht auf und hält das Laptop hoch. Ein halber Balken. Arie stellt einen Stuhl auf den Tisch, Elin versucht unterdessen, die Polizei zu erreichen. Viel Vertrauen in die lokalen Einsatzkräfte hat sie eigentlich nicht, aber irgendetwas muss sie tun. Sie schaut auf die Uhr.

Plötzlich könnte sie sich dafür ohrfeigen, dass sie Luuk zur Flucht verholfen hat. Es war ihr fair erschienen, und die Idee mit der Tiefsee-Doku fand sie nach wie vor ziemlich witzig. Aber eben auch gefährlich. Was, wenn die *Blue-Mining*-Leute einfach kurzen Prozess mit Luuk machten?

»Es tut mir leid, da habe ich uns in einen ganz schönen Schlammassel gebracht«, sagt sie und denkt: und das nicht zum ersten Mal.

»Schreibst du diesen Fall wieder auf?«, fragt Jack, während er auf den Stuhl klettert.

»Falls wir hier lebend rauskommen: ja. Und wenn ich mit dem zweiten Buch fertig bin, ziehe ich zurück nach Amsterdam. Auf Dauer ist Panama doch nix für mich«, sagt Elin.

Lieke wirft ihr einen Blick zu. »Du musst meinen Nachnamen weglassen, damit mich niemand erkennt.«

»Bei Elins Büchern kommt sowieso nie jemand auf die Idee, dass die Geschichten echt sein könnten«, sagt Jack und hält das Laptop hoch. Der Upload läuft.

35

Erst ist da nur ein kleines Licht, dann taucht aus der Dunkelheit ein bizarres Wesen auf. Fast durchsichtig sieht es aus, mit riesigen Reißzähnen. Dazu stimmungsvolle Klaviermusik.

»Willst du mich verarschen?«, raunzt ihn der Mann, der sich als Bob vorgestellt hat, von der Seite an und sieht fast bedrohlicher aus als das Monster auf dem Bildschirm.

»Ich verstehe das nicht«, stammelt Luuk. Er zieht den zweiten USB-Stick aus der Tasche. Bob, der aussieht wie ein argentinischer Gaucho, den seine Mutter gezwungen hat, einen Anzug zu tragen, steckt ihn in seinen Laptop.

Luuk schaut zu dem silbernen Metallkoffer, der neben Bob auf dem Boden steht. Da ist sein Geld drin, er hat schon gezählt. Eine Stimme im Hinterkopf sagt ihm, dass er die Scheine vielleicht noch einmal genauer prüfen sollte, oder prüfen lassen. Falschgeld soll von Laien heutzutage kaum von den richtigen Moneten zu unterscheiden sein.

Aber nein, seriöse Unternehmen zahlen nicht mit Falschgeld. Kurz überlegt er, sich den Koffer zu schnappen, zum Auto zu rennen und sich aus dem Staub zu machen. Wie im Film wäre das. Dann tauchen Szenen von Schüssen in den Rücken und von Autos, die vom Weg abgedrängt werden und in Schluchten fallen, in seinem Kopf auf. Er schaut zurück auf den Bildschirm.

Die wundersame Welt der Tiefsee steht da, nichts über Bakteriophagen und Elektroschrott-Recycling. Luuk wird es gleichzeitig heiß und kalt.

»Ein Dokumentarfilm von Daniela Ragnersson«, liest Bob vor, während er ein Klappmesser aus der Hosentasche zieht und beginnt, gedankenverloren damit herumzuspielen.

Lieke, dieses gerissene Biest! Sie muss die Sticks in der Hütte schnell ausgetauscht haben. Oder hätte noch jemand anderes die Gelegenheit gehabt? Elin theoretisch. Aber Elin war früher Ziegenbäuerin und schreibt jetzt – das hat sie selbst so gesagt – alberne Detektivgeschichten mit hanebüchenen Plots und zu wenig Leichen. Und überhaupt: Elin kannte weder die Details zu seinem Geschäftstreffen noch den Inhalt der USB-Sticks und ist jetzt sicher schon auf dem Weg zu ihrer nächsten Reiseetappe. Aber Lieke, die ist, wenn er Glück hat, noch immer in der Hütte, mit gefesselten Handgelenken.

»Ich wurde bestohlen«, ruft er aus und beschreibt Bob die Situation.

»Wir fahren hin. Mit meinem Wagen. Und wir nehmen einen Kumpel von mir mit«, sagt Bob und steht auf. Das Klappmesser steckt er wieder ein.

Auf dem Weg kommen sie am Toyota vorbei, Elin ist also noch bei den anderen. Warum ist sie nicht längst abgehauen, denkt Luuk. Es wäre schrecklich, wenn ihr etwas passieren würde. Andererseits hat die Anwesenheit der glücksbringenden Schwedin natürlich auch ihr Gutes: Zum Ersten könnte sie ihn, wenn die Sache vorbei ist, mit dem Toyota so schnell wie möglich zur nächsten Bank und dann zum nächsten Flughafen bringen. Und falls aus irgendeinem Grund alles schiefgehen sollte, könnte sie ihm netterweise seinen Gewinn aus dem Casino zurückgeben.

»Hi Luuk«, sagt Elin, als sie in die Hütte eintreten. »Du hast was vergessen.«

»Warum steht ein Stuhl auf dem Tisch?«, fragt Bob misstrauisch. Er hat sein Laptop unterm Arm. Sein Kumpel wartet draußen.

»So macht man das in Amsterdam«, sagt Jack.

Luuk fällt auf, dass die Atmosphäre in der Hütte angespannt, aber auch seltsam vertraut wirkt. Als hätten sich Elin und die beiden anderen in der letzten Stunde angefreundet. Die Waffe, die hat sie auch nicht mehr gezogen. Nur Lieke, die sitzt noch abseits und angebunden, über ihre Wangen kullern Tränen.

»Wer ist das?«, fragt Bob und deutet auf die Wissenschaftlerin.

»Die Frau, die mir die falschen USB-Sticks untergeschoben hat«, sagt Luuk. »Eine Mörderin ist sie außerdem.«

Elin deutet zum Tisch. »Hier liegen die richtigen, jedenfalls sind es die, die ich gefunden habe.«

»Danke, dass du auf mich gewartet hast«, sagt Luuk.

»Ich war das nicht«, ruft Lieke. »Elin war es.«

Bob tritt zu ihr, beugt sich zu ihr hinunter und greift ihr

unters Kinn. »Stimmt es, dass du eine Mörderin bist?«, fragt er.

Sie antwortet nicht, schaut ihn nur an, mit ihren großen blauen Augen.

Bob lächelt. »Bonita.« Dann erhebt er sich abrupt, geht zum Tisch, startet seinen Laptop und überprüft den Inhalt der beiden Sticks. »Gibt es noch mehr Kopien?«, fragt er.

Luuk schüttelt den Kopf.

Bob pfeift kurz und laut, woraufhin sein Kumpel mit dem Koffer erscheint. »Zwei Millionen, wie vereinbart.«

»Willst du nicht nachzählen?«, fragt Elin.

»Habe ich schon«, sagt Luuk. Er ist wieder bester Dinge. Was für ein Glück. In fünf Minuten wird er in dem alten Toyota auf dem Weg nach Lima sein, zwei Millionen reicher.

»Bitte, nimm mich mit«, fleht Lieke Bob an. Der zögert, aber dann zischt sein Kumpel ihm etwas zu und er schüttelt bedauernd den Kopf. »*Terribly sorry*«, sagt er zu Lieke.

Durchs Fenster sieht Luuk, dass sie, kaum aus der Tür, lossprinten, ins Auto springen und losfahren, als hätten sie gerade eine Bank überfallen.

»Elin hat die Sticks vertauscht, als du unter der Dusche warst«, behauptet Lieke schon wieder.

»Gib es auf, Lieke«, sagt Luuk.

Dieser Arie, der Polizist, betrachtet den Koffer. Er scheint völlig in Gedanken versunken. Kein Wunder, sicher überlegt er, was er für zwei Millionen alles kaufen könnte.

»Ich fürchte, wir haben ein Problem«, sagt Arie. »Wann und wo hast du das Geld gezählt, Luuk?«

»Vor rund vierzig Minuten, in dem Haus, in dem ich mich mit den beiden getroffen habe. Wieso? Glaubst du, sie haben unterwegs etwas rausgenommen?« Er greift zum Koffer, aber Arie stoppt ihn mit einer Handbewegung. »Sie könnten die Koffer unterwegs getauscht haben.«

»Das ist doch Quatsch«, sagt Luuk.

»Ist es nicht komisch, dass *Blue Mining* Luuk so viel Geld gibt, damit er eine wissenschaftliche Arbeit *nicht* veröffentlicht?«, überlegt Arie nun laut. »Wer garantiert ihnen denn, dass er sich an sein Versprechen hält und nicht doch noch ein paar Kopien hat, die er später weiterverkauft?«

Sie hätten mich gleich erschießen oder erstechen können. Haben sie aber nicht getan, argumentiert Luuk in Gedanken gegen das mulmige Gefühl in der Magengegend an.

Jack schaut nun auch auf den Koffer und Luuk sieht, wie er plötzlich blass wird und einen Blick mit Arie wechselt.

Sie stehen beide auf. Jack läuft langsam zu Lieke und bindet sie los, so dass ihre Hände zwar noch gefesselt, sie aber nicht mehr angebunden ist. »Nicht springen, nicht schreien. Wir gehen jetzt langsam und ruhig hier raus. Er schaut Elin und Luuk an. »Wir alle, ohne Koffer.«

»Es ist mein Koffer«, sagt Luuk.

Arie macht eine Bewegung mit der Waffe.

»Ihr glaubt doch nicht?«, fragt Elin, auch sie hat sichtbar an Farbe verloren. »Mit einem Zeitzünder?«

»Möglich«, sagt Arie, als sie draußen in einigem Abstand zur Hütte stehen. »Oder ein Mechanismus, der in Gang tritt, wenn der Koffer geöffnet wird.«

Jetzt spinnen sie total. *Blue Mining* ist ein renommiertes amerikanisches Unternehmen, er hat mit der Chefin telefoniert, eine ausgesprochen eloquente Person. Die töten ihre Geschäftspartner nicht mit Kofferbomben, die töten ihre Geschäftspartner überhaupt nicht.

»Ihr habt eindeutig zu viele Filme geschaut«, sagt Luuk und geht zurück, Richtung Hüttentür. Er glaubt nicht, dass dieser Arie ihm in den Rücken oder sonst wohin schießen wird. Ehrlich gesagt hat er langsam Zweifel, ob er überhaupt ein richtiger Polizist ist. Wäre nicht der Erste, der vorgibt, jemand anderes zu sein, als er tatsächlich ist. Nur, was wollen diese komischen Vögel sonst hier? Und warum hat sich Elin auf einmal mit ihnen verbündet? Egal, er wird jetzt diesen Koffer nehmen, hinten in der Hütte aus dem Fenster klettern, machen, dass er verschwindet, und keinen von ihnen jemals wiedersehen. Hat er sich zwar anders vorgestellt, seinen ersten Spaziergang als reicher Mann, aber sei es drum.

Doch dann knallt es plötzlich. Ein Schuss. Arie hat auf ihn geschossen. Luuk ist überrascht, dass es gar nicht weh tut, dann explodiert vor ihm die Hütte. Er wird nach hinten geschleudert, fällt unsanft auf den Rücken, dreht sich um und versteht, dass Arie nicht auf ihn, sondern auf den Koffer gezielt haben muss. Eine Kofferbombe, unglaublich. Er hätte gute Lust, diesen Typen von *Blue Mining* eins auszuwischen.

Aus den Augenwinkeln sieht er, dass auch die anderen im Sand liegen. Nur eine Gestalt mit buntem Poncho springt auf und rennt los. Manchmal hat diese blöde Lieke keine schlechten Ideen, denkt er, rappelt sich ebenfalls hoch und läuft in die andere Richtung, an der brennenden Hütte vorbei den Hügel hinunter. Als er in der Ferne Polizeisirenen hört, ist er schon außer Sicht. Ob ihm jemand folgt? Elin hat keine besonders gute Kondition und dieser Arie, der ihm eben zweifelsohne das Leben gerettet hat, sah auch nicht besonders fit aus. Bleibt Jack, aber der würde im Zweifel vielleicht eher Tessas Mörderin aufhalten wollen.

Eine halbe Stunde später wird der Hagel so stark, dass Luuk sich unter einen Felsvorsprung kauert. Das hat er sich wirklich anders vorgestellt, diese Reise nach Peru. Aber gut, er ist am Leben. Er kann in ein anderes Land gehen und bei irgendeiner netten reichen Frau als Gärtner anheuern oder so. Einen nagelneuen Reisepass hat er zum Glück ja auch. Den von Tom Jonker vergräbt er im Sand. Dann scrollt er durch Twitter, um sich abzulenken.

Wenn diese Arbeit hält, was sie verspricht, bricht gerade ein neues Zeitalter an #TessaTeuling#Recycling#Elektroschrott #Bakteriophagen liest er.

Darunter ist ein Link zu *openscience.org*. Er klickt ihn an, findet Tessas Arbeit, die offenbar in den letzten fünfzehn Minuten schon mehr als hundertmal geteilt wurde, und beginnt zu lachen. Er lacht und lacht, bis der Hagel aufhört und am Horizont ein Sonnenstrahl durch die Wolkendecke bricht.

36

Drei Tage später in Amsterdam. Jack steht vor der Tür. Mit Rucksack, Koffer und Umzugskarton.

»Hi«, sagt er mit diesem Grinsen, dem Maddie nicht widerstehen kann. Aber diesmal kommt er damit nicht durch. Sie verschränkt die Arme vor der Brust. »Ah, *travelling man* zieht wieder los.«

Kurz sieht er verwirrt aus, dann sagt er: »Nee, *travelling man* will es doch mal mit Bleiben probieren.«

Jetzt ist es an Maddie, verwirrt zu sein. Will er etwa hier einziehen? In ihr 45-Quadratmeter-Apartment, das sie sich mit Isa teilt?

»Nur für ein paar Nächte«, sagt Jack. »Aus der WG haben sie mich rausgeworfen.«

»Klar, und da denkst du: Och, versuch ich es doch mal bei Maddie, da habe ich ja schon mal übernachtet, ohne mich darum zu scheren, wie es ihr dabei geht.« Maddie weiß gar nicht richtig, woher dieser plötzliche Ausbruch kommt. Sie dachte, sie wäre über die Sache hinweg. Diese vermurkste erste Nacht und den späteren missglückten Versuch, eine Beziehung zu starten.

Jack beißt sich auf die Unterlippe.

Maddie seufzt. Es ist schon nach zehn, draußen nieselt es, für einen Backpacker hat Jack zu viel Gepäck und Hotels sind viel zu teuer.

»Aber nur für eine Nacht. Höchstens zwei«, sagt Maddie.

Jacks Gesicht hellt sich auf. »Ich kann auch auf dem Sofa schlafen.«

»Blödmann«, sagt Maddie und nimmt seinen Koffer. Auf dem Sofa, das nachts zum Bett ausgeklappt wird, schläft nämlich auch sie.

»Wo ist Isa?«, fragt Jack.

»Schläft schon. Hast du Hunger?«

Jack hat immer spätabends Hunger.

»Soll ich uns was kochen?«, fragt er. »Spaghetti oder so? Eine Flasche Rotwein habe ich mitgebracht.«

Eine halbe Stunde später sitzen sie um den Sofatisch, vor ihnen zwei dampfende Schüsseln Pasta mit Pesto, Parmesan und Oliven. Daneben zwei Gläser Rotwein, dazwischen flackert ein Teelicht. Jacks Sachen sind an der Wand gestapelt und von draußen kommt gedämpft der nächtliche Lärm der Stadt.

»Hast du schon gehört, dass Lieke gestanden hat?«, fragt Jack.

Maddie nickt. »Arie hat mich heute Nachmittag auch angerufen. Meinst du, er bekommt wegen der Sache mit den Flugpassagierlisten Probleme? Und ihr, weil ihr in Liekes Wohnung eingestiegen seid? Wessel bekommt das doch jetzt sicher alles raus.«

»Nur, wenn ihm das jemand erzählt. Und falls Lieke sagt, dass wir in ihrer Wohnung waren, könnten wir es immer noch abstreiten. Am Ende gab es zum Glück noch eine offizielle Hausdurchsuchung, bei der Tessas Laptop gefunden wurde.« Maddie rollt Spaghetti auf. »Wessel würde uns zwar zu gerne was anhängen, aber ich kann mir vorstellen, dass er es nicht gerne an die große Glocke hängt, dass wir und nicht er den Fall aufgeklärt haben.«

»Stimmt. Wahrscheinlich schon schlimm genug für sein Ego, dass wir überall in den Medien sind.«

Maddie lacht. »Die letzte Überschrift, die ich gesehen habe, lautete: Hausboot-Detektive als Umwelt-Helden.«

»Wir arbeiten da an einem ganz neuen Portfolio. Ist Luuk eigentlich noch mal irgendwo aufgetaucht?«

»Nein, er hat eindeutig Talent darin, sich in Luft aufzulösen.«

»Für den Diebstahl von Tessas Forschungsarbeit werden sie ihn auch kaum via Interpol suchen lassen«, sagt Jack.

»Obwohl er es verdient hätte, wenn du mich fragst.«

Jack sieht Maddie über sein Weinglas hinweg an. »Du fandest ihn ganz schön großartig, gib es ruhig zu.«

Maddie schaut zurück, ihre Augen verengen sich ein wenig, als würde sie gleich wütend werden. Aber dann fängt sie an zu lachen. »Unbestritten. Ich fürchte, ich muss mal an meinem Männergeschmack arbeiten.«

Jack lacht mit. »Touché.«

Sie gehen früh zu Bett an diesem Abend. Aber als Maddie am Morgen aufwacht, ist die andere Seite der Schlafcouch leer.

Draußen ist es noch dunkel, doch die Stadt brummt und summt schon wie ein fleißiger Bienenstock. Die Leuchtanzeige des Weckers zeigt sieben Uhr. Maddie knipst die kleine rote Leselampe an, geht erst ins Bad, dann in die Küche, um ein Glas Wasser zu trinken. Jack ist nirgends zu sehen, auf und davon, wie üblich. Nur sein Zeug hat er hier stehen gelassen.

»Blödmann«, murmelt Maddie und ist nicht ganz sicher, ob sie damit nun Jack oder sich selbst meint. Oder vielleicht auch die Hormone, die sind nämlich sicher mit schuld, dass sie von diesem Kerl nicht die Finger lassen kann, obwohl sie doch inzwischen schon wissen müsste, wie es ausgeht.

Sie kriecht zurück unter die Decke, ist noch müde, kann aber nicht mehr schlafen. Sie greift in den Korb mit Zeitschriften und Büchern und fischt *Umarme deine Wut* heraus. Passt ja.

Sie blättert ziellos darin herum, kann sich auf nichts konzentrieren. Sie klappt das Buch wieder zu und wirft es genervt hinter sich.

»Autsch.«

Erschrocken dreht sie sich um. Zwischen Flur und Schlafcouch steht Jack, in der Hand zwei Brötchentüten.

37

Hillary verzieht die Mundwinkel. Sie steht nackt vor dem Spiegel in ihrem Schlafzimmer und betrachtet das unschöne Ergebnis des Stresstrinkens: zwei, vielleicht drei Kilo Fett wabbeln dort, wo vorher ihre schlanke Taille war. Sie sieht aufgedunsen aus, unausgeschlafen, überarbeitet. In den letzten Wochen war auch wirklich alles schiefgegangen: Bob, der Auftragskiller, versagte, die beschissenen Pläne für das neue Super-Recyclingverfahren gingen viral und die kalifornische Polizei stellte ein paar unangenehme Fragen. Ein paar seltsame Detektive aus Amsterdam hatten behauptet, *Blue Mining* hätte etwas mit der Bombe im Geldkoffer zu tun gehabt. Hillary stritt ab, jemals etwas von einem Tom Jonker oder Luuk Ruis (so hieß er wohl richtig) gehört zu haben. Dankenswerterweise war Tom alias Luuk auch wie vom Erdboden verschluckt und konnte folglich keine Aussage machen. Die Polizei legte den Fall erfreulich schnell zu den Akten. Das ändert leider nichts an der Tatsache, dass *Blue Mining* am Ende ist. Erst zwei Tage ist es her, dass George seinen Posten hingeschmissen hat, angeblich, um Europa zu bereisen.

Gründe genug, um ein bisschen durchzuhängen, hat sie

also. Aber damit ist jetzt Schluss. Sie zieht einen seidenen Morgenmantel über und reckt angriffslustig ihr Kinn. Wozu hat sie eigentlich einen Personal Trainer? Sie wird Antonio fragen, ob er mit ihr eine Runde joggen geht. Danach könnten sie ein bisschen vögeln, dazu waren sie auch schon viel zu lange nicht mehr gekommen.

»Darling«, ruft sie, bekommt aber keine Antwort. Von ihrem Balkon schaut sie in den Garten hinunter. Am Pool ist er nicht. Sie geht in Antonios Zimmer. Dort ist er auch nicht. Immerhin hat er endlich einmal richtig aufgeräumt, sogar sein Bett ist gemacht. Hillary lächelt. Sie mag Männer, die dazulernen können. Plötzlich hört sie von unten aufgeregtes Flüstern. Vielleicht plant Antonio eine Überraschung, um sie ein wenig aufzuheitern?

Barfuß geht sie die Treppe hinunter. »Darling?«, ruft sie noch einmal, obwohl ihr die zweite Hälfte des Wortes fast im Hals stecken bleibt. Ihr Darling steht im Flur, vor der Haustür, in jeder Hand einen Koffer. Neben ihm steht Francisca mit einer Reisetasche. Offenbar hilft sie ihm, sein Gepäck rauszubringen.

»Ich ziehe aus«, stellt Antonio fest, in einem so sachlichen Ton, dass Hillary ihn schon dafür am liebsten töten würde. Francisca blickt zu Boden.

Hillary schnauzt sie an: »Du musst diesem Dreckskerl nicht noch helfen, seine Sachen zu tragen.«

Francisca versteckt sich halb hinter Antonio, aber Hillary versteht trotzdem, was sie sagt: »Es tut mir leid, aber das ist meine Tasche.«

In diesem Moment begreift Hillary, was hier vermutlich schon seit Wochen vor sich geht. Antonio, ihr Lover, ihr Vertrauter, ihr Personal Trainer, betrügt sie mit der jungen Haushaltshilfe, die immer so brav und lieb tut, ja sogar ein ganz katholisches Kreuz um den Hals trägt, aber offensichtlich eine kleine Schlampe ist.

»Sie ist fett und hat Hängebrüste«, wirft sie Antonio an den Kopf. Eigentlich war sie lange genug Geschäftsfrau, um zu wissen, wann man Verhandlungen abbrechen sollte, aber nun gut.

Antonio will etwas entgegnen, aber Francisca legt ihm ihre vom vielen Putzen immer etwas rote Hand auf den Arm.

»Das wird euch noch leidtun«, zischt Hillary, worauf Antonio nur müde lächelt. »Was willst du tun? Uns einen deiner Auftragskiller auf den Hals hetzen? Ich glaube nicht, dass du dafür noch genug Geld hast.«

Dann gehen sie nebeneinander die gepflasterte Auffahrt entlang, an deren Ende ein Taxi wartet.

Hillary geht an die Hausbar und mischt sich einen Bloody Mary. Antonio, dieser Arsch. Und Ahnung hat er auch keine: Es stimmt, *Blue Mining* musste Konkurs anmelden, ein großer Teil ihres Vermögens ist weg, die Villa in L. A. wird auch bald verkauft werden. Man kann ihr vorwerfen, dass sie sich verzockt hat. Aber völlig blöd ist sie nicht. Natürlich hat sie rechtzeitig Geld zur Seite geschafft – genug Geld, um davon irgendwo auf der Welt sehr angenehm leben zu können und wenn nötig auch, um noch einen oder zwei Auftragskiller zu bezahlen. Sie setzt sich in einen der weißen Designersessel, trinkt zwei große Schlucke und gibt sich eine Weile verlockenden Tagträumen hin. Antonio und Francisca, erledigt mit Kopfschuss. Oder von einem LKW überfahren.

Aber nein, sie würde die beiden nicht töten lassen. Erstens, weil sie für eine Weile lieber nicht mit der Polizei reden möchte. Zweitens, weil ihr Vertrauen in Auftragskiller nach der Sache in Peru nachhaltig gestört ist. Und drittens, weil die beiden kleinen Verräter das viele Geld nicht wert sind.

Da würde sie sich lieber irgendwo eine kleine schmucke Strandvilla mit angrenzendem Pferdestall kaufen, vielleicht in Costa Rica oder Uruguay, weit genug weg von den US-amerikanischen Medien und Ermittlungsbehörden. Ihr Fall war zwar zu den Akten gelegt, aber man wusste ja nie. Zur Sicherheit könnte sie zusätzlich ihren alten Mädchennamen annehmen. Und dann würde sie einen neuen Personal Trainer einstellen oder zur Abwechslung einen knackigen Gärtner. Fit würde sie sowieso bleiben, vom Pferdereiten.

Draußen fährt ein Auto vor. Sicher hat Antonio eingesehen, was für einen riesigen Fehler er gemacht hat. Hillary steht auf und geht in den Flur, schaut durch die gläserne Haustür. Sie will sich nicht entgehen lassen, wie er reumütig angeschlichen kommt.

Aber vor dem Haus steht kein Taxi, sondern ein blauer Passat. Eine fesche Blondine mit Pferdeschwanz steigt aus, nimmt ein großes rot-weißes Schild aus dem Kofferraum und stellt es auf. *For Sale.*

Hillary schluckt. Sie dachte, die Maklerin würde erst nächste Woche kommen. Sie geht zurück zu ihrem Sessel, trinkt den Rest des Cocktails auf ex. Ein Teil geht daneben, landet auf dem hellen Seidenstoff ihres Morgenmantels. Hillary schaut nach unten. Auf ihrer linken Brust bildet sich ein großer roter Fleck, es sieht aus als hätte ihr jemand ins Herz geschossen. Sie wirft das leere Glas an die Wand und beginnt zu weinen.

38

Hugo löscht die Telefonnummer der Mistress.

Sie ist seit ihrem letzten Treffen sowieso nicht mehr erreichbar, ganz so, als hätte sie nie irgendwo anders als in seiner Phantasie existiert. Wehmütig ist ihm trotzdem zumute, als er das Telefon auf den Beistelltisch legt und in sein Arbeitszimmer geht. Er zögert einen Moment, dann nimmt er die große Tasche, in der er Brustgeschirre, Latexmasken und den ganzen anderen Rest unter ein paar alten Handtüchern versteckt hat, aus der hintersten Ecke seines Schrankes. Er verstaut alles in einem blickdichten Müllbeutel und verknotet ihn.

Er hat es versprochen – dem Universum oder Gott oder wer auch immer sein Flehen erhören würde. Falls die Sache gut ausgehe – für seine Firma, für ihn, für seine Ehe –, würde er mit den Dominabesuchen aufhören.

Geglaubt, dass das noch möglich ist, hat er es zwischenzeitlich selbst nicht mehr. Nicht, nachdem Tessas Forschungsergebnisse zu diesem Recyclingverfahren viral gegangen sind.

»Dafür bringe ich sie um«, hat Hugo getobt, bis ihm eingefallen ist, dass das ja schon jemand anderes erledigt hat.

Floris hat ihn über die Ränder seiner Brille gemustert.

»Habe ich nicht gleich gesagt, dass ich ihr nicht traue?«

Abgesehen von diesem einen so dämlichen wie wahren Kommentar, hat Floris sich aber alle Mühe gegeben, ihn zu trösten. Sogar miteinander geschlafen haben sie mal wieder.

Hugo geht nach draußen und wirft die Mülltüte in die Tonne, dann geht er zurück ins Haus und nimmt den Prospekt eines Reisebüros in die Hand. Ein Überraschungsurlaub, eine Art zweite Flitterwochen zu ihrem zehnten Hochzeitstag Ende Dezember, irgendwo im Süden, das ist genau das, was Floris und er jetzt brauchen.

Finanziell drin ist das dank George auch wieder. George O'Connor, ein ehemaliger Mitarbeiter von *Blue Mining*, stand eines Tages einfach vor der Tür. In der Tasche hatte er die Pläne für das Kollektorfahrzeug, mit dem Hillary um ein Haar die Abbaulizenzen für das Peruanische Becken bekommen hätte. Und er hatte die Idee, wie man *Deep Sea Treasures* retten könnte.

Inzwischen ist George Teilhaber und *Deep Sea Treasures* auf dem besten Weg, zur grünsten Firma des Jahres gewählt zu werden. Aus dem Kollektor- wurde ein Expeditionsfahrzeug, das ohne Schaden anzurichten auf den Meeresböden Fotos macht, Proben sammelt und verschiedenen Universitäten und Umweltschutzorganisationen dabei hilft, mehr über die Tiefsee und ihre Bewohner zu erfahren. Außerdem haben sie einen neuen Unternehmenszweig gegründet:

Save the Future will nach Tessas Methode wertvolle Rohstoffe aus Elektroschrott recyceln. Eine Idee, für die der Staat einiges an Fördergeldern lockergemacht hat. Würde Tessa noch leben, da ist Hugo sich ziemlich sicher, wäre sie ziemlich stolz auf ihn.

39

»Gefeliciteerd«, beglückwünscht sich Arie. Es ist der 15. November, sein 58. Geburtstag. »Wuff«, sagt Hund und schüttelt sich. Wie Konfetti fliegen kleine Salzwassertropfen durch die Luft, angestrahlt von der tief stehenden Sonne, die in dieser Jahreszeit nur noch Licht bringt, keine Wärme.

Sie sind mit dem alten Volvo ans Meer gefahren, Arie und Hund. Ein Geburtstagsstrandspaziergang in Zandvoort, einer der Küstenabschnitte, der der Hauptstadt am nächsten liegt. Nirgendwo wie an dieser Küste, Meter für Meter bis zum Rand bebaut, wird so deutlich, dass in den Niederlanden zu viele Menschen leben. Jedenfalls zu viele für ein Land, das so tief liegt, dem Meer nichts entgegenzusetzen hat, als weichen Dünensand und ein paar Deiche.

Im Moment sind hier aber eher zu wenig Menschen für Aries Geschmack. Er dachte, das wäre die beste Lösung: mit seiner unausweichlichen Geburtstagsmelancholie ans Meer fahren, sich den Wind um die Nase wehen lassen und Hund beim Winterbaden zuschauen. Aber jetzt gibt es keinen Wind, und er wünscht sich, er hätte die anderen Detektive doch auf einen Irish Coffee eingeladen.

Ob Matts ihn heute anrufen wird, um zu gratulieren? Das letzte Mal von ihm gehört hat er nach dem Interview mit der Wiener Tageszeitung. Es war eines von vielen gewesen. Warum er Tessas Forschungsarbeit auf *opensciene.org* hochgeladen und nicht versucht hätte, sie zu Geld zu machen, fragten sie. Er dachte an seine Diskussionen mit Matts und antwortete: »Es gab die Chance, die Welt ein Stückchen besser zu machen. Das ist wichtiger als Geld.«

Zugegeben, das klang ein bisschen pathetisch, aber egal. Matts schrieb ihm einige Tage später eine kurze Nachricht: *Super Aktion, Pa! Melde mich, wenn ich wieder im Lande bin.* Dazu ein Foto, Matts, braun gebrannt, mit verstrubbelten Haaren und Glücksblitzen in den Augen, an der Hand eine junge Frau mit schmalem klugem Gesicht, Nasenring und glänzenden metallisch blauen Haaren. Natascha, seine neue Freundin, nimmt Arie an.

Vor fünf Tagen, an Matts' Geburtstag, hat Arie ihn angerufen, aber nur die Mailbox erreicht.

Arie und Hund gehen weiter, der Sand knirscht, ein paar Möwen kreischen. Der heute fast menschenleere Strand liegt vor ihnen wie eine Autobahn. Neunzig Meter breit, neun Kilometer lang. Probehalber joggt Arie los, Hund trabt ein Stück neben ihm her, dann bleibt er zurück. Arie schaut über die Schulter, sieht, wie das Tier schmollend im Sand liegt. Er lacht und hält an, hat ja sowieso keine richtigen Laufschuhe an. »Das nächste Mal nehme ich besser die Badehose mit.« Als hätte Hund das verstanden, springt er auf und trottet zum Wasser. Arie lächelt. Aber dann dreht Hund ab und steuert in die andere Richtung, weg vom

Meer, immer schneller, bis er freiwillig losgaloppiert und Arie nur noch die schwarze Schwanzspitze zwischen den Sandbergen verschwinden sieht.

»Hund«, ruft Arie. »Wuff«, ertönt das Echo. Noch mal »Wuff«, und dann ein mehrstimmiges »Happy Birthday!«.

Aus den Dünen kommt eine sonderliche Karawane, angeführt von seinem schwarzen zotteligen Neufundländer, auf dessen Nacken nunmehr ein Eichhörnchen reitet. Hinter ihm gehen Maddie und Isa, bunter gekleidet denn je. Jack zieht einen mit Körben, Taschen und Decken vollgepackten Leiterwagen. Weil das im tiefen Sand nicht so einfach ist, schieben Jan und Juanita von hinten. Den Abschluss bilden Madelief Lokkerbol und ihre Frau, eine drahtige Tischlerin, die Arie erst einmal zuvor getroffen hat.

Arie schluckt ein paarmal, gegen den Kloß in seinem Hals. Aber dann umarmen ihn Maddie und Isa gleichzeitig, und er gibt sich nicht mal mehr Mühe, seine Tränen zurückzuhalten.

»Zusammen feiern ist doch am schönsten«, stellt Isa fest.

Wenig später sitzen sie auf bunten Decken um den Grill herum. Darauf brutzeln Würstchen, Paprika und Maiskolben, es gibt Bier und Saft, Baguette, Salat und unter einer Tortenhaube einen Schokoladenkuchen mit Kerzen. »Aber der ist erst für später«, sagt Jack. Aus einem kleinen Lautsprecher kommt Musik, Arie kennt sie nicht, aber wippt im Takt der Trommelklänge mit dem Fuß.

Ihm geht es so gut wie lange nicht mehr. Und den anderen offenbar auch. Jan und Juanita halten Händchen,

Madelief und ihre Frau unterhalten sich lachend mit Isa, Fru Gunilla ist in Maddies Armbeuge eingeschlafen und ihm fällt auf, dass Jack und Maddie schon seit Tagen nicht mehr gestritten haben. Hund liegt neben ihm, das Maul halb geöffnet, als wolle auch er ein Lächeln probieren. Vielleicht, denkt Arie, können sie das mit der Liebe ja doch ganz gut. Er blickt zum Horizont, wo sich Meer und Himmel in einer leuchtenden Linie treffen.

»Ich glaube, sie kommen. Hast du Streichhölzer für die Kerzen?«, hört er Jack flüstern. »Psst«, macht Maddie.

Arie schaut nach links, am Leiterwagen vorbei, den Strand entlang. Ein paar Möwen trippeln in der Nähe über den Sand, mit schief gelegten Köpfen, als warteten sie nur auf ihre Einladung zu der Party. Weiter hinten laufen zwei Menschen in ihre Richtung, ein Pärchen, Arm in Arm. Arie schluckt und tastet vorsichtshalber nach einem Taschentuch. Hund rückt ein Stück näher an ihn dran und legt ihm eine dicke Pfote aufs Knie. Arie kneift die Augen zusammen. Ein großer, schlaksiger Mann und eine Frau. Die beiden sind noch zu weit entfernt, um ihre Gesichter zu erkennen. Aber die Haare der Frau, ihre leuchtend blauen Haare, die sieht man schon jetzt.

LESEPROBE

DER DRITTE FALL FÜR DIE HAUSBOOT-DETEKTEI ERSCHEINT IM FRÜHJAHR 2024

Fünf Hobby-Detektive. Eine strickbegeisterte Oma. Ein gefährliches Exportgeschäft.

Amsterdam ist ein teures Pflaster. Findet auch Kaatje Hommel. Die alte Dame bessert ihre Rente mit dem Verkauf selbstgestrickter Mützen auf. Das läuft wunderbar, bis ihr ein angesehener Unternehmer das Geschäft kaputt machen will. Kurz darauf ist der Mann tot.
Arie, Maddie, Jack, Jan und Elin ermitteln und finden bald heraus, dass hinter dem großen Vermögen des Toten ein mindestens ebenso großes Verbrechen steckt. Doch welche Verbindung gab es zwischen ihm und Kaatje? Und was hat der berühmte Modedesigner Bengt Bjerker mit der Sache zu tun? Plötzlich gibt es eine weitere Leiche, und die fünf Hobby-Detektive müssen einmal mehr erfahren, dass es manchmal ganz schön schwer ist, sich an das Gesetz zu halten und gleichzeitig das Richtige zu tun.

1

Fettschwanzmaki müsste man sein. Die können nämlich super schlafen, sieben Monate am Stück. Das hat Isa erzählt. Und weil das sicher ansteckend sei, so ein außerordentliches Schlaftalent, hat sie gleich ein Exemplar auf Aries graues T-Shirt gemalt.

Da liegt er nun mit geschlossenen Kulleraugen auf Aries Bauch, der kleine Primat aus Madagaskar, mitten in einer Koje in Amsterdam. Ansteckend wirkt sein unentwegtes Rumschlummern aber leider nicht. Dafür ein wenig angeberisch, genauso wie Hunds zufriedenes Schnarchen, das von nebenan aus der Wohnküche kommt.

Arie Poepjes, früher Polizist, jetzt Detektiv und Experte in Sachen Schlaflosigkeit, versucht, nicht hinzuhören – weder auf Hunds Schnarchen noch auf sein Magenknurren.

Arie seufzt, wälzt sich von einer Seite auf die andere, nimmt schließlich sein Smartphone vom Nachttisch. Mittwoch, der dritte April, 3.57 Uhr, neun Prozent Akku. Das Smartphone braucht dringend Strom, noch dringender braucht er Schlaf.

Möglicherweise könnten Spaghetti mit Sahnesauce helfen, auch gegen den Hunger, dazu ein kleiner Schlaftrunk. Nicht wieder Gute-Nacht-Tee, so eine fiese Kräutermischung, die hat schon am Vorabend nicht funktioniert. Lieber ein Gläschen Rotwein oder Punsch mit Schuss. Darf er nicht: kein Alkohol, keine Kalorienbomben. Jedenfalls nicht, wenn er auf seine Hausärztin hört. »Arie, wir müssen abnehmen«, hat sie gesagt, obwohl in Wahrheit natürlich nur er abnehmen muss. Und auch, dass seine Leberwerte schon mal besser waren und sein Blutdruck zu hoch sei. »Mmmh«, hat Arie geantwortet. Gedacht hat er, dass wir doch sowieso alle einmal sterben müssen, und weitergemacht wie gehabt. Bis Matts angerufen hat.

»Du wirst Opa«, hat Matts gesagt, kurz Luft geholt und »Zweifacher Opa« hinzugefügt. Während Arie sich auf den nächstbesten Stuhl sinken ließ, druckste Matts noch herum, dass das jetzt alles etwas anders war als geplant, aber dass sie noch vor der Entbindung zurück nach Amsterdam ziehen würden.

»Wie das?«, hat Arie gefragt. Matts ist nicht mal mit dem Studium fertig und Natascha verdient gerade genug für die winzige Bude in Wien. Für das gleiche Geld gibt es in der niederländischen Hauptstadt höchstens eine Garage. Und bis sie eine bezahlbare Sozialwohnung bekämen, wären die Kinder schon mit der Grundschule fertig.

Aber es ist schon alles geregelt. Die junge Familie wird zu Nataschas Tante ziehen. Die besitzt im Norden der Stadt ein altes großes Haus und fühlt sich sowieso ein wenig einsam.

»Ich kann dann auch gerne mal babysitten«, hat Arie angeboten und gleich am selben Tag Kartoffeln mit Salz statt Pommes mit Mayo gegessen.

Arie findet, dass er nicht der beste Vater war. Zu oft im Dienst, zu oft nicht richtig bei der Sache. Mit seinen Enkelkindern will er es besser machen. Und dafür muss er fit sein. Sehr fit. Denn wenn es schon anstrengend ist, *einen* Säugling mit Bauchweh stundenlang auf dem Arm zu schaukeln (das weiß Arie eher vom Hörensagen, als aus eigener Erfahrung), wie anstrengend ist es dann erst mit *zweien*? Aber er freut sich darauf. Na ja, tagsüber jedenfalls. Dann stellt er sich vor, wie er mit den Zwillingen Legoboote baut, mit ihnen Fußball spielt und ihnen mit Hund zusammen das Schwimmen beibringt. Also, wenn sie dann ein bisschen größer sind.

Aber jetzt ist es Nacht und Arie leidet an Schlafmangel. Zwei kleine Menschen gleichzeitig zu betreuen erscheint völlig unmöglich, ganz egal wie schlank und fit er wird, noch dazu auf einem Hausboot. Im Kopfkino wechselt Arie einem schreienden Kind die Windeln, während das andere unbemerkt auf die Reling zukrabbelt, über Bord fällt und im eisigen Wasser der Gracht versinkt.

Arie nimmt die Schlafmaske ab und reißt die Augen auf, weil das manchmal hilft, wenn in seinem übermüdeten Gehirn die Schreckgespenster außer Rand und Band geraten. Durch das Bullauge der Lakshmi funkelt ihn eine Straßenlaterne an, in einem Fenster auf der gegenüberliegenden Seite blinkt ein Stern, der aussieht, als wäre er von Weihnachten übrig geblieben. Ganz dunkel wird es in Amsterdam nie, daran hat auch die Energiekrise nichts geändert. Arie starrt auf das Wasser der Gracht hinaus. Immerhin das ist nachtschwarz. Und ganz unbewegt. Vermutlich schläft es.

Arie macht die Augen wieder zu. Irgendwo knirscht es. Dann hört er schwere, schlurfende Schritte, die klingen, als ob ein müder, alter Riese durch die Kombüse tapert. Oder ein müder, riesiger Neufundländer. Alt ist er vielleicht auch schon, der Hund, der Hund heißt, und den Arie vor über einem Jahr von seinen Ex-Nachbarn adoptiert hat. So genau weiß das niemand, jedenfalls ist Hund schon ein bisschen weiß um die Schnauze und muss in letzter Zeit öfter seine Blase leeren. Jetzt will er aber nicht raus zum Pinkeln, jetzt will er zu Arie ins Bett. Darf er eigentlich nicht. Weil Arie ihm das aber jetzt nicht sagen möchte (auch weil er die Idee, ein bisschen Gesellschaft zu haben, ganz schön findet), aber gleichzeitig daran denkt, dass man bei der Hundeerziehung konsequent sein sollte (steht jedenfalls im Ratgeber für Hundebesitzer), tut er einfach so, als ob er schläft.

Hund schnuppert an seiner Hand, dann legt er vorsichtig erst die eine, dann die andere Pfote auf die Matratze. Die Hinterbeine folgen, der Lattenrost ächzt, und sechzig Kilo Hund liegen in der Koje. Kopf und Vorderbeine auf Aries Beinen. Das ist ein bisschen schwer, aber es ist auch so gemütlich, dass Arie mindestens eine halbe Stunde glaubt, nun doch einschlafen zu können. Bis sein Handy piept, weil es jetzt wirklich dringend Strom braucht. Wo ist eigentlich das verdammte Ladekabel? Und warum brummt jetzt auch noch sein Kopf?

Arie seufzt, schiebt Hund von seinen Beinen und setzt sich auf die Bettkante. Seine Waden kribbeln, immerhin die sind eingeschlafen. Er gähnt und reibt sich den Nacken. Hund blinzelt, wendet den Kopf ab und schnarcht so demonstrativ weiter, dass sich Arie fragt, ob sich auch Hunde schlafend stellen können. Er schlüpft in die Pantoffeln, zieht den Bademantel an, ein in die Jahre gekommenes Stück aus blau-weiß gestreiftem Frottee, und steckt das Telefon in die Tasche.

Drei Schritte durch das Wohnzimmer, durch die Schiebetür, und er quetscht sich in die Nasszelle, die so klein ist, dass sie ihm schon lange vor seiner Hausärztin zugeflüstert hat, dass weniger Bauch einige Vorteile hätte. Arie spritzt sich kaltes Wasser ins Gesicht und wirft einen Blick in den Spiegel. Sein Haar sieht zerrupft aus und irgendwie grauer als sonst, seine Haut ist zerknittert, die Augen klein und gerötet. Schlafmangel hat noch niemanden schön gemacht.

Vier Schritte weiter steht Arie in der Kombüse. Die ist auch klein, bietet aber erstaunlicherweise regelmäßig Platz für vier bis fünf Detektive plus ein bis zwei Besucher, den großen Hund und ein kleines Eichhörnchen – vorausgesetzt, dass sie eng zusammenrücken. Es gibt eine Küchenzeile, auf der sich sonst das Geschirr stapelt. Aber weil er in der Nacht aufgeräumt hat (in der Hoffnung, das würde einschläfernd wirken), liegt hier heute Morgen nur ein Spüllappen neben dem Wasserkocher. Arie stellt ihn an und löffelt Instantkaffee in eine Tasse. »Nicht gut für den Blutdruck und beim Einschlafen hilft Koffein auch nicht«, hört Arie die Stimme seiner Ärztin im Kopf. »Dafür hilft es gegen Kopfweh«, widerspricht er und wirft dem Pulver zwei Stück Zucker hinterher.

Auf einmal hat Arie das dringende Bedürfnis mit jemandem zu reden, der nicht Hund oder er selbst ist. Kurz nach sechs, zeigt ein Blick auf sein Handy. Keine ideale Zeit, um bei jemandem anzurufen. Früher war das einfacher, da hätte er jetzt über Funk mit Wessel oder einem anderen Kollegen von der Frühschicht quatschen können.

Daran will er nicht denken. Besser sucht er sowieso erst einmal das Ladekabel. Auf dem alten Küchensofa liegt es nicht, auch nicht in dem Korb mit Zeitschriften, Spielkarten und Haselnüssen, die vermutlich Fru Gunilla, Jans Eichhörnchen, hier versteckt hat. Arie sucht auf dem Bücherregal und in der Krimskrams-Schublade, schüttet kochendes Wasser in die Kaffeetasse und findet das Kabel schließlich in der Ecke des Zimmers, auf der Waschmaschine. Über der Waschmaschine hängt ein heller Baumwollvorhang, auf den Isa mit schwarzem Stoffmalstift die Amsterdamer Skyline, die Lakshmi in der Gracht und Fru Gunilla gezeichnet hat. Unten steht: *Die Hausboot-Detektei*. Der Vorhang ist ein echter Hingucker, soll aber vor allem das Whiteboard dahinter verbergen. Auf dem Whiteboard stehen die Regeln der Hausboot-Detektei, und die sehen Kunden besser nicht. Arie grinst, dann setzt er sich mit dem Kaffee auf das Küchensofa, hängt sein Smartphone ans Netz, trinkt zwei Schlucke und denkt daran, dass

Elin, wegen der mindestens eine der nicht vorzeigbaren Regel aufgeschrieben wurde, Ende der Woche zurück nach Amsterdam kommt. Er freut sich darauf, sie wieder im Team zu haben, obwohl die Methoden der Schwedin manchmal etwas, nun ja, etwas unkonventionell sind. Die letzten Monate hat sie, mit kurzer Unterbrechung, in Panama verbracht. Und dort, rechnet Arie aus, ist es gerade Mitternacht. »Vor eins schlaf ich sowieso nie«, hat Elin einmal erzählt. Sie ist eine Leidensgenossin in Sachen Schlaflosigkeit.

Heute klingt sie so wach, als hätte sie gerade eine Handvoll Coca-Blätter gekaut. »Arie!«, ruft sie ins Telefon. Es rauscht kurz in der Leitung, dann hört Arie ein dumpfes Geräusch, als ob etwas Schweres auf den Boden fällt, und einen spitzen Schmerzensschrei.

»Elin?«

Es raschelt.

»Der blöde Koffer ist vom Bett gerutscht. Aber sag lieber, warum du anrufst: Habt ihr einen neuen Fall oder kannst du nicht schlafen?«

Arie fühlt sich ertappt. Er macht den Mund auf, um irgendetwas zu sagen, aber heraus kommt nur ein großes Gähnen. Elin lacht. »Hast du es mit Spazierengehen versucht? Hilft bei mir, manchmal jedenfalls.«

»Ich habe die Küche aufgeräumt, Kräutertee getrunken und Atemübungen gemacht, von denen ich einen Hustenanfall bekommen habe. Außerdem habe ich mir gewünscht, ich wäre ein Fettschwanzmaki.«

»Fettschwanzmaki«, wiederholt Elin langsam. Ihr Niederländisch ist verdammt gut, aber eben auch nicht so gut, dass sie alle exotischen Tiernamen kennt. »Ist das was zum Essen?«

»Eine Lemurenart aus Madagaskar. Von November bis März futtern sie sich Speck an. Die restlichen sieben Monate schlafen sie in ihren Baumhöhlen.«

Elin lacht. »Dann würdest du aber meine Rückkehr verpassen.«

»Stimmt«, sagt Arie. »Andererseits hätte ich bei unserem Wiedersehen im November weniger Augenringe und weniger Wampe.«

»Ich mag dich auch mit.«

Das, denkt Arie, ist vielleicht noch besser als Dauerschlaf. »Wenn du willst, holen wir dich vom Flughafen ab.«

»Ihr seid die Besten.« Elin seufzt zufrieden. »Ich freu mich schon. Auf euch und das Boot und die Stadt und den Frühling.«

»Frühling«, sagt Arie zweifelnd.

»Nicht?«

»Vielleicht, wenn der Regen mal aufhört.«

»Solange es nicht so heiß ist, nehme ich sogar Regen«, sagt Elin. Dann sagt sie, dass sie jetzt besser weiterpackt, weil sie auch noch das Haus putzen muss.

Spazierengehen, denkt Arie, und trinkt den letzten Schluck Kaffee. Vielleicht gar keine schlechte Idee. Ein bisschen Bewegung an der frischen Luft und dann noch mal für ein Stündchen zurück in die Koje. Er steht auf, streckt sich und stößt mit der Hand ans Bücherregal. »Hund?«, ruft er, während er aus den Pantoffeln und in die Gummistiefel schlüpft.

Hund schlurft heran, seine Schwanzspitze wackelt ein bisschen, aber echte Begeisterung sieht anders aus. »Dabei müsstest du wirklich ausgeschlafen sein.«

Es regnet nicht. Dafür ist die Luft klamm und weiß und so dick, dass Arie kaum bis zur Reling sehen kann. Er ist etwas unheimlich, dieser Dunst vor Sonnenaufgang. Arie muss an den Alfred-Hitchcock-Film denken, den sie, als einen von zahlreichen alten Krimis, kurz nach der Gründung der Hausboot-Detektei angeschaut haben. Zu Schulungszwecken und weil sie sonst wenig zu tun hatten. In dem Film hatte ein Mann im Londoner Nebel reihenweise Frauen umgebracht. Arie nimmt Hund an die Leine und geht an Land.

Eine merkliche Stille liegt über der Stadt, ganz so, als hätte der Nebel nicht nur die Konturen der Häuser, sondern auch jegliches Geräusch verschluckt. Hund bleibt an einer Ulme stehen und schnüffelt, wer hier heute schon sein Bein gehoben hat. Arie schaut nach oben. Dunkle, winterkahle Äste strecken sich gen Himmel. Auf einem sitzen zwei große Vögel – Krähen vielleicht. Arie fröstelt. Er hätte eine Jacke über den Bademantel ziehen sollen.

Am Ende der Straße tauchen zwei seltsam diffuse Lichter auf. Ein Lastwagen. Und weil der auch beim Näherkommen nur ganz sachte brummt, ist es vermutlich die Müllabfuhr. Die ist nämlich schon vor Jahren auf Elektroantrieb umgestiegen.

Hund kackt auf den Bürgersteig. Arie rümpft die Nase, tütet den Haufen ein und schaut sich nach dem nächsten

Mülleimer um. Er sieht keinen, dafür löst sich auf der anderen Straßenseite ein Schatten aus dem Dunkel der Häuserwand. Er bewegt sich im Licht der Straßenlaterne, weich gezeichnet vom Nebel, mit tanzendem, fast schwebendem Schritt und wallendem Mantel. Die Arme erhoben, macht er einen kleinen Knicks, als würde er jemanden zum Walzer auffordern.

»Stopp!«, ruft Arie, aber da tanzt der Schattenmann schon auf die Straße, und einen Moment sieht es aus, als wolle er den weißen Laster umarmen. Bremsen quietschen, Karosserie trifft auf Knochen. Ein dumpfer Schlag, dann ist es wieder still.

Arie greift in seine Tasche, erinnert sich, dass das Telefon noch auf dem Küchentisch liegt. Er läuft los, Hund trabt an seiner Seite. Die Fahrertür öffnet sich, eine Frau springt raus. Sie und Arie kommen gleichzeitig vor dem Fahrzeug an, beugen sich über den Mann auf dem nebelnassen Asphalt.

Der lächelt. Seine Augen sind geschlossen, sein Kopf liegt seltsam schief. Hund legt sich zu dem Mann auf den Boden und schleckt ihm über die Hand. Neben Arie schluchzt die Fahrerin auf. Irgendwo links, vermutlich aus einer der Wohnungen, ruft jemand, dass seine Frau gerade den Krankenwagen ruft. Arie geht in die Hocke, denkt, dass ihm das Gesicht des Mannes bekannt vorkommt, legt ihm Zeige- und Mittelfinger an den Hals, tastet nach seinem Puls. Er findet ihn nicht. Der Tänzer ist tot.

2

»Keine Kekse«, sagt Oma Kaatje. Sie steht an einem Ende des Küchentischs, Frank sitzt am anderen. Seine Hand schwebt über der Keksdose.

»Nur einen?«, fragt er und versucht es mit dem hungrigen Enkelblick.

Klappt sonst immer. Kaatje Hommel ist niemand, der Leute hungern lässt. Aber heute nimmt sie den Gehstock von der Stuhllehne und wirft ihn aus wie eine Angel. Der Rundhakengriff legt sich um die Keksdose, dann zieht Kaatje sie zu sich, einmal quer über den knallgelben Tisch.

»Keinen«, stellt sie klar, nimmt die Dose und kippt ihren Inhalt in den Mülleimer.

Franks Mutter Tineke prophezeit seit Jahren, dass Kaatje bald vollends den Verstand verliert. Schließlich habe schon der alte Hommel, das war Franks Urgroßvater, in der Psychiatrie gesessen. Und Berta Hommel (Kaatjes Schwester) wurde wenige Jahre später bekanntlich so dement, dass sie manchmal auf der Kommode saß und versuchte, ihre Haare mit der Zahnbürste zu kämmen. »Das ist doch alles erblich«, meint Tineke zu wissen. Woraufhin Nico, das ist Franks Vater und Kaatjes Sohn, fragt, ob sie behaupten will, dass *seine* Gene *an allem* schuld seien. Er sagt an allem, meint aber: daran, dass unser Sohn so ein verpeilter Nichtsnutz geworden ist. Woraufhin sich Tineke beeilt »Aber nein« zu sagen, während sie ein perfektes »Nun, aber meine Schuld ist es sicher nicht«-Gesicht macht.

Frank gibt nicht viel darauf, was seine Mutter sagt. Kaatje, da ist er sich sicher, wird noch mit ihrer pinken Vespa durch die Stadt brausen, wenn seine Eltern schon lange im Altenheim gefüttert werden. Schließlich hat sich seine Oma noch nie etwas vorschreiben lassen, das werden ein paar Gene auch nicht ändern können.

Aber heute stimmt hier irgendetwas nicht. Ihm die Kekse vorzuenthalten, das ist die eine Sache. Die Kekse gleich in den Müll zu werfen, nochmal eine ganz andere.

»Oma? Wie geht es dir?«

Kaatje rückt ihr Haarband zurecht. »Ranzig«, sagt sie schließlich, ohne ihm ins Gesicht zu schauen.

»Ranzig?«, wiederholt Frank, nicht wirklich schlauer, aber zunehmend besorgt. »Klingt unangenehm. Tut dir etwas weh?«

Kaatje krempelt die Ärmel hoch und zieht eine altmodische Rüschen-Schürze über ihren bunten Glitzerkaftan. »Nicht ich, Schätzchen. Die Kekse waren ranzig.«

»Ah«, sagt Frank erleichtert, gleichzeitig fühlt er sich auch ein bisschen dumm. Besser, er wechselt das Thema. Über Anouk könnte er sprechen, über die wilde, schöne Anouk, in die er schon heimlich verliebt war, als sie noch die Matheprüfungen von ihm abgeschrieben hat. Nach der Schule hat er sie aus den Augen verloren, bis sie vor gut zwei Monaten plötzlich in einer Kneipe vor ihm stand. »Frankie-Boy, endlich habe ich dich gefunden«, rief sie und breitete strahlend die Arme aus. Ihr Nasenpiercing glitzerte wie eine kleine Sonne und Frank wurde ganz warm und glücklich zumute. Sein Kumpel Elias fragte später, was er genommen hätte und ob er ihm was abtreten könnte.

»Keine Drogen, das ist Liebe«, verkündete Frank, worauf Elias etwas im Stil von »Ey Digga, gleich muss ich breiern« sagte.

Leider ist es nicht unkompliziert mit Anouk, und eigentlich würde Frank gerne mal mit jemandem darüber reden. Aber Anouk hat ihm eingeschärft, ihre Beziehung noch nicht an die große Glocke zu hängen, nicht, solange sie noch in Zaanstad ist.

Also wird er über etwas anderes sprechen. Auf der Suche nach Inspiration lässt er seinen Blick durch die Küche schweifen. Draußen ist es heute so trübe, dass nicht mal die Vögel aufgestanden sind. Aber in Kaatjes kleiner Wohnung ist es immer Sommer. Die alte Küche leuchtet gelb, türkis und rosa, an den Wänden hängen bunte Teetassen, Windspiele und Hängepflanzen, im Wohnzimmer singt Bob Marley. Wüsste Frank es nicht besser, würde er glauben, in einer hippen Strandbar in der Karibik zu sitzen und nicht in einer grauen Hochhaussiedlung in Amsterdam. Nur dieser Gehstock stört das Bild ein wenig. Seit wann liegt der nicht mehr auf Kaatjes Schrank?

»Benutzt du den jetzt doch?«

Kaatje zuckt mit den Schultern, während sie eine Packung Eier aus dem Kühlschrank nimmt. »Hast du doch gesehen. Mit so einem Ding kann man super Keksdosen angeln.«

Frank schaut ganz genau hin, als Kaatje zurück zum Tisch läuft, kann ja sein, dass ihr Knie aufmuckt. Aber seine kleine Oma mit den frechen Augen und dem verrunzelten Gesicht hat den üblichen Catwalk drauf, mit den Klamotten eines Flower-Power-Mädchens und der Aura einer Grand Dame: fließend, aufrecht, siegessicher. So, als hätte sie nicht erst vor einem Jahr mit gebrochener Kniescheibe im Krankenhaus gelegen.

Wegen der Sache mit dem Knie hat sie den Gehstock überhaupt. »Das ist ein klassischer Rundhakengehstock aus echtem Hickoryholz. Er ist in einem Stück gebogen«, sagte Franks Vater und legte das Ding auf die weiße Bettdecke.

»Besten Dank«, sagte Kaatje und schob sich unaufgeregt eine Praline in den Mund.

Tineke hingegen war sehr aufgeregt: »Beim Schlittschuhlaufen! Das ist doch in deinem Alter unverantwortlich. Anscheinend können wir dich nicht mehr allein lassen.«

Kaatje verdrehte die Augen und klingelte nach der Schwester: »Meine Liebe, haben Sie noch ein paar von diesen blauen Zauberpillen? Meine Schwiegertochter braucht dringend etwas zur Entspannung.«

Sechs Wochen später war der Gips ab und Kaatje auf dem Weg in die Toskana. »Wenn ich schon in die Reha muss, dann wenigstens wo es schön ist.« Kurz nach ihrem 79. Geburtstag kam sie heim: mit wiederhergestellten Gelenken, einer feschen Kurzhaarfrisur und einer neu entfachten Leidenschaft für Spaghettoni.

»Da haben wir den teuren Gehstock ganz umsonst gekauft«, meckert Tineke bis heute, wenn sie ihre Schwiegermutter trifft. Was sie noch öfter sagt, aber das nur, wenn Kaatje außer Hörweite ist: »Ich frage mich, wie sie sich das mit ihrer Rente leisten konnte. Acht Wochen in diesem privaten Retreat-Zentrum, das muss ein Vermögen gekostet haben!«

Frank sagt nie etwas dazu. Er will nicht mit seiner Mutter reden – nicht über die Toskana-Reha und auch nicht darüber, wie Kaatje ihre Rente aufbessert.

Was er doch will, sind Kaatjes Pfannekuchen. »Hungern sollst du schließlich auch nicht«, sagt sie und schlägt das erste Ei auf. Frank beginnt, einen Apfel zu schälen. Wenig später steht Kaatje am Herd und lässt den zähen Teig von der Kelle in die Pfanne fließen. Es brutzelt, sie verteilt Apfelschnitze, dann taucht sie einen Esslöffel in den Teig und bedeckt jeden einzelnen von ihnen. »Jedes Äpfelchen ein Mützchen«, singt sie dabei vor sich hin.

Kaatje liebt Mützen. Nicht, dass sie häufig welche trägt, da bevorzugt sie Bandanas oder lange Seidentücher, die sie zum Turban drapiert. Aber sie strickt sie, in allen möglichen Formen und Farbkombinationen. Warme Pudelmützen aus Alpaka oder Ziegenwolle, leichte Sommer-Beanies aus bunter Baumwolle, Ballon- und Baskenmützen, Mützen mit Krempelkante und doppeltem Boden und Zipfelmützen mit so extravaganten Mustern, dass sie sogar in Amsterdam auffallen würden. Kaatje strickt, seit Frank denken kann, aber das mit den Mützen, das hat sie erst später angefangen. Seit gut drei Jahren verkauft sie ihre Kreationen an Bengt Bjerke.

Das ist mal eine Sache, über die er sehr gerne mit seinen Eltern sprechen würde.

»Oma, denk doch mal, was das für ein Spaß wäre«, hat er gesagt und dann die Stimme seiner Mutter imitiert: »Doch nicht an *den* Bengt Bjerke?«

»Doch, Mama, der berühmte schwedische Modedesigner. Hast du doch bestimmt schon mal in den Klatschblättern beim Friseur gesehen.«

Kaatje spielte mit und verzog ihren Mund, so wie es Tineke immer tat, wenn ihr vor lauter Missgunst fast die Galle hochkam. »Und ich dachte immer, die Schweden wären für ihren guten Geschmack bekannt«, machte sie die Schwiegertochter nach und musste dann so laut lachen, dass der Nachbar vom Balkon nebenan rüberrief, um den Witz bitte auch zu hören.

»Unser Geheimnis bleibt es trotzdem«, bestimmte sie dann aber energisch, und es sollte noch etliche Monate dauern, bis Frank herausfand, warum eigentlich.

»Soll ich gleich wieder ein Paket zur Post bringen?«, fragt er jetzt. Kaatje lässt den goldbraunen Pfannekuchen auf den Teller gleiten und bestreut ihn mit Zimt und Zucker.

»Das wäre reizend.«

Frank macht gerade zufriedene Schmatzgeräusche, als es an der Wohnungstür klingelt, lange und anhaltend, so wie ein Gerichtsvollzieher klingeln würde. Oder Nico Hommel.

Frank schluckt und stöhnt: »Nicht schon wieder.«

»Wir könnten so tun, als wären wir nicht da«, sagt Kaatje, setzt sich aber in Bewegung. Am Ende ist er halt ihr Sohn. Vielleicht verdankt es Nico Hommel an diesem Tag aber auch dem guten alten Bob Marley, dass er nicht vor der Tür stehen gelassen wird. »Sun is shining, the weather is sweet. Make you want to move your dancing feet«, tönt gerade aus dem Lautsprecher, so laut, dass man es noch im Hausflur hören kann.

»Hallo, Mutter.«

Frank kann sich vorstellen, wie sein Vater mit einem scheinbar beiläufigen Blick, aber nicht ohne hochgezogene Augenbrauen, den dreckigen Fußboden mustert und dann beschließt, seine ledernen Halbschuhe anzubehalten. »Zu viel Putzen macht mich schwermütig«, sagt Kaatje manchmal. Jetzt sagt sie aber: »Nico, schön, dass du mich in letzter Zeit so oft besuchst.«

»Ist doch klar. Eigentlich wollte ich aber auch wissen, ob mein Sohn zufällig mal wieder in deiner Küche sitzt.«

Frank schiebt sich den Rest des Pfannekuchens in den Mund. Es ist Zeit zu gehen.

»Solltest du nicht an der Uni sein?«

Frank deutet mit seinen Fingern auf die vollgestopften Wangen und kaut demonstrativ.

»Nicht nur Banker, auch Studenten haben Mittagspau-